SAMMLUNG GÖSCHEN BAND 279

QUELLENKUNDE DER DEUTSCHEN GESCHICHTE IM MITTELALTER

(BIS ZUR MITTE DES 15. JAHRHUNDERTS)

von

PROF. DR. KARL JACOB

I

EINLEITUNG. ALLGEMEINER TEIL
DIE ZEIT DER KAROLINGER

Sechste Auflage bearbeitet von

DR. HEINRICH HOHENLEUTNER

WALTER DE GRUYTER & CO.

vormals G. J. Göschen'sche Verlagshandlung · J. Guttentag, Verlagsbuchhandlung · Georg Reimer · Karl J. Trübner · Veit & Comp.

BERLIN 1959

Die Gesamtdarstellung umfaßt folgende Bände:

I: Einleitung. Allgemeiner Teil. Die Zeit der Karolinger. (Band 279)

II: Die Kaiserzeit (911—1250) (Band 280)

III: Das Spätmittelalter (vom Interregnum bis 1500) (Band 284)

 — Archiv-Nr. 11 02 79. — Satz und Druck: Sala-Druck, Berlin N 65. — Printed in Germany.

Inhaltsverzeichnis

Die wichtigsten Abkürzungen (Siglen)

MA = Mittelalter.
DW = Dahlmann-Waitz (9. Aufl.).

MG = Monumenta Germaniae Historica mit den Unterabteilungen:
SS = Scriptores.
SS rer. Germ. = Scriptores rerum Germanicarum, Nova Series.
SS rer. Germ. i. u. sch. = Scriptores rer. Germ. in usum scholarum.
LL = Leges.
DD = Diplomata.
AA = Auctores antiquissimi.
SS rer. Merov. = Scriptores rerum Merovingicarum.
SS rer. Langob. = Scriptores rerum Langobardicarum.
GPR = Gesta Pontificum Romanorum.
Capit. = Capitularia.
Conc. = Concilia.
Const. = Constitutiones et acta publica.
DD Karol = Diplomata Karolinorum.
DKI = Diplomata Konradi I
DHI = Diplomata Henrici I. usw.
EE = Epistolae; Epp s. XIII = Epistolae saeculi XIII.

BR = Böhmer, Regesten (s. S. 32 u. 85 f.).
GV = Geschichtsverein.
KUiA = Kaiserurkunden in Abbildungen.
RI = Regesta Imperii.
SB = Sitzungsberichte.
BA = Akademie der Wissenschaften zu Berlin.
MA = Akademie der Wissenschaften zu München.
WA = Akademie der Wissenschaften zu Wien.
GGW = Gesellschaft der Wissenschaften zu Göttingen.
(es ist stets die historisch-philologische Klasse gemeint)
St = Stumpf-Brentano, Reichskanzler des X., XI. u. XII. Jahrh. (Zit. mit Nummern).

P = Potthast, Bibliotheca historica medii aevi.

AUF = Archiv für Urkundenforschung.
DA = Deutsches Archiv für Erforschung (bis Bd. 7: Geschichte) des Mittelalters.
DLZ = Deutsche Literaturzeitung.
HJb = Historisches Jahrbuch.
HZ = Historische Zeitschrift.
JBDG = Jahresberichte der Deutschen Geschichte.
JBfDG = Jahresberichte für Deutsche Geschichte.
JBGW = Jahresberichte der Geschichtswissenschaft.
MIÖG (zeitweise MÖIG) = Mitteilungen des Instituts für Österreichische Geschichtsforschung.
NA = Neues Archiv der Gesellschaft für ältere deutsche Geschichtskunde.
RH = Revue historique.
ZSSRG = Zeitschrift der Savignystiftung für Rechtsgeschichte.

Literatur

a) Bibliographien

Dahlmann-Waitz, Quellenkunde der deutschen Geschichte. 9. A. (unter Mitwirkung von vielen Mitarbeitern) hrsg. v. Hermann Haering. 1931; Register 1932.

A. Potthast, Bibliotheca historica medii aevi. Wegweiser durch die Geschichtswerke des europ. Mittelalters bis 1500. 2. Aufl., 2 Bde. 1896. Neudruck 1954.

Bibliotheca hagiographica latina, 2 Bände u. Suppl.-Band 1899—1911.

U. Chevalier, Répertoire des sources historiques du moyen-âge: I. Bio-Bibliographie, 2e éd. 2 vols, 1905—1907.
II. Topo-Bibliographie, 2 vols, 1894—1903.

A. Molinier, Les sources de l'histoire de France. Ie partie (—1494). 6 Bände, 1902—1906 [betrifft vielfach Quellen der deutschen Geschichte, namentlich in Band 1 (Karoling. Zeit) und 5 (Introduction générale CLXXXVII f.)].

H. Pirenne, Bibliographie de l'histoire de Belgique. 3e ed. 1931.

H. Oesterley, Wegweiser durch die Literatur der Urkundensammlungen. 2 Bde. 1885, 1886.

Die wichtigsten *Regestensammlungen* s. S. 85 ff.

b) Bearbeitungen

W. Wattenbach, Deutschlands Geschichtsquellen im Mittelalter b. z. Mitte d. 13. Jahrh. B. I, 7. Aufl. (besorgt von E. Dümmler u. L. Traube) 1904; B. II, 6. Aufl. 1894.

W. Wattenbach — W. Levison, Deutschlands Geschichtsquellen im Mittelalter. Vorzeit und Karolinger,
Heft 1: Die Vorzeit v. d. Anfängen b. z. Herrschaft d. Karolinger, bearb. von W. Levison. 1952.
Heft 2: Die Karolinger v. Anf. d. 8. Jahrh. b. z. Tode Karls d. Gr., bearb. von W. Levison und H. Löwe. 1953.
Heft 3: Die Karolinger v. Tode Karls d. Gr. b. z. Vertrag von Verdun, bearb. von H. Löwe. 1957.
Heft 4: z. Z. im Druck.
Beiheft: Die Rechtsquellen von Rud. Buchner. 1953.

W. Wattenbach, Deutschlands Geschichtsquellen im Mittelalter. Deutsche Kaiserzeit. Hrsg. v. Robert Holtzmann (in 2 Bänden 900—1250), bisher B. I, Heft 1 u. 2: Das Zeitalter des Ottonischen Staates 900—1050; Heft 3 u. 4: Das Zeitalter des Investiturstreits 1050—1125. 2. u. 3. Aufl. 1948. Heft 5 fehlt noch.

H. Vildhaut, Handbuch der Quellenkunde zur deutschen Geschichte. B. 1: Bis zum Ausgange der Staufer, 1898, 2. A. 1906; B. 2: Vom Falle der Staufer bis zum Auftreten des Humanismus, 1900, 2. A. 1909.

M. Jansen, Historiographie und Quellen der Deutschen Geschichte bis 1500 (in: Grundriß d. Geschichtswissenschaft, herausg. v. A. Meister 1). 1906; 2. A. v. L. Schmitz-Kallenberg. 1914.

M. Manitius, Geschichte der lateinischen Literatur des Mittelalters. 3 Bde. 1911—1931.

G. von Wyß, Geschichte der Historiographie in der Schweiz. 1895.

W. v. Giesebrecht, Geschichte der Deutschen Kaiserzeit. Bd. I^5 II^5 III^5, IV^2, VI, 1877—1895. An den Text ist jeweils vor den Anmerkungen eine Übersicht über die Quellen und Hilfsmittel angefügt.

W. Gundlach, Heldenlieder der deutschen Kaiserzeit ... eingel. durch Übersichten über d. Entwicklg. d. dt. Geschichtsschreibung im 10., 11. u. 12. Jahrh. Bd. 1—3. 1894—99.

Die deutsche Literatur des MA. Verfasserlexikon. Begründet v. Wolfgang Stammler, hrsg. v. Karl Langosch. 4 Bde. u. Nachtragsbd. 1933—1956.

B. Gebhardt, Handbuch der deutschen Geschichte. B. 1: Frühzeit und Mittelalter, hrsg. von Herbert Grundmann, 8. Aufl. 1954.

K. Hampe, Deutsche Kaisergeschichte in der Zeit der Salier u. Staufer 1908; 10. Aufl., bearb. v. F. Baethgen, 1949.

J. Loserth, Allg. Gesch. d. späteren Mittelalters 1197—1492. 1903.

A. Hauck, Kirchengeschichte Deutschlands, 5 Bände 1887—1920; B. 1—4 in 3. u. 4. Aufl. 1904—1913. Neudruck 1952—53.

Rich. Schröder u. E. Frhr. v. Künßberg, Lehrbuch d. deutschen Rechtsgeschichte, 7. Aufl. 1932.

Claudius Frhr. v. Schwerin, Grundzüge der deutschen Rechtsgeschichte, 4. Aufl., bearb. v. K. Thieme. 1950.

Hermann Conrad, Deutsche Rechtsgeschichte. Bd. 1: Frühzeit u. Mittelalter. 1954.

Gustav Richter u. H. Kohl, Annalen der Deutschen Geschichte im Mittelalter von der Gründung des fränkischen Reichs bis zum Untergang der Hohenstaufen, 3 Bände (bis 1137), 1873—1898.

M. Doeberl, Monumenta Germaniae selecta 768—1250; erschienen nur: 3. d. Zeit der salischen Kaiser; 4. die Zeit Lothars III., Konrads III. u. Friedrichs I., 5. d. Zeit Heinrichs VI., Philipps v. Schwaben, Ottos IV. u. Friedrichs II. München 1889 ff.

Quellensammlung zur deutschen Geschichte, hrsg. v. E. Brandenburg u. G. Seeliger; seit 1907. (Zusammenstellung der Quellenstellen über einzelne Materien in kleinen Bändchen; sie werden im Text einzeln genannt.)

W. Altmann u. E. Bernheim, Ausgewählte Urkunden zur Erläuterung der deutschen Geschichte im Mittelalter 1891. 5. (=4.) A. 1920.

K. Zeumer, Quellensammlung zur Geschichte der deutschen Reichsverfassung 1904. 4. A. 1926.

Ausgewählte Urkunden zur deutschen Verfassungsgeschichte, hrsg. von G. v. Below u. F. Keutgen: 1. F. Keutgen, Urk. z. städt. Verfassungsgeschichte. 1901; 2. P. Sander u. H. Spangenberg, Urk. z. G. d. Territorialverfassung. 1922—1926; 3. H. Wopfner, Urk. z. dt. Agrargeschichte. 1925—1928.

Außerdem:

Joh. Gustav Droysen, Historik, hrsg. v. Rud. Hübner, 3. Aufl. 1958, darin der berühmte „Grundriß der Historik" von 1868 nach der 3. Aufl. von 1882.

H. Bresslau, Aufgaben mittelalterlicher Quellenforschg. (Straßburger Rektoratsrede). 1904.

P. Kirn, Einführung in die Geschichtswissenschaft. (Sammlung Göschen, Band 270.) 3. A. 1959.

W. Bauer, Einführung in das Studium der Geschichte. 1921. 2. A. 1928. Kap. 7.

E. Bernheim, Lehrbuch der historischen Methode 1889. 5. u. 6. A. 1908 (=anast. Abdr. 1914). Kap. 3 (Quellenkunde).

Über die Fortschritte auf dem Gebiete der Quellenkunde (Edition und Forschung) unterrichten:

Jahresberichte der Geschichtswissenschaft. 36 Bde. 1880—1913 (für 1878—1913).

Karl Hampe, Ma. Geschichte 1922 (für 1914—1920).

Jahresberichte der Deutschen Geschichte. 7 Bde. 1918—1924

Jahresberichte für Deutsche Geschichte 1925—1940 (für jedes Jahr ein Band) 1927—1942.

Walther Holtzmann u. Gerhard Ritter, Die dt. Geschichtswissenschaft im zweiten Weltkrieg. Bibliogr. d. histor. Schrifttums deutscher Autoren 1939—1945. 1951.

Jahresberichte für deutsche Geschichte. Neue Folge. 1. (Schrifttum ab 1949). 1952 ff.

Neues Archiv der Gesellschaft für ältere Deutsche Geschichtskunde (seit 1875), 50 Bände (bis 1936), übergegangen seither in

Deutsches Archiv für Geschichte (seit 1950: Erforschung) des Mittelalters Band 1 (1937)—14(1958) ff. (jährlich ein Band).

Historische Zeitschrift (seit 1859) besonders in den Besprechungen, Notizen (jetzt „Anzeigen") und Nachrichten.

Einleitung

§ 1. Begriff und Aufgabe der Quellenkunde der deutschen Geschichte

Mit dem Worte *Quellen* bezeichnen wir in der Geschichtswissenschaft die Summe aller wissenschaftlich brauchbaren Überlieferung, aus deren methodischer Verwertung wir geschichtliche Kenntnisse und geschichtliches Verständnis schöpfen können. Dieses Material ist nach seinem Umfang unermeßlich, nach seinem Inhalt außerordentlich mannigfaltig und von sehr verschiedenem Werte für historische Erkenntnis. Jede Aufzeichnung, jede mündliche Überlieferung und jeder Gegenstand, der von der vergangenen Entwicklung des Menschengeschlechtes Kunde zu geben geeignet ist, kann, methodisch richtig behandelt und dem von der Fragestellung abhängigen Quellenwert gemäß eingeordnet und verwendet, zur geschichtlichen Quelle werden.

Aufgabe der *Quellenforschung* ist es, dieses Material zu sammeln und zu sichten. Es nach seiner Herkunft und seinem Werte zu bestimmen und dadurch wissenschaftlich nutzbar zu machen, ist speziell Sache der *Quellenkritik;* über deren Ergebnisse hat dann die *Quellenkunde* zu berichten.

Dieses *Quellenmaterial* erfährt unablässig, bald langsamer, bald schneller, eine sehr erhebliche Vermehrung. Solcher Zuwachs erfolgt nicht nur durch die zeitliche und räumliche Ausdehnung der Bereiche, die aus ferner oder jüngster Vergangenheit geschichtlicher Betrachtung zugänglich werden, nicht nur durch die Auffindung und Veröffentlichung verborgener Materialien für geschichtliche Erkenntnis aus den Bibliotheken und Archiven, durch staatliche Behörden und aus dem Besitz oder Nachlaß von Einzelpersonen, sondern in einem sehr bedeutenden Maße dadurch, daß veränderte und an der Erfahrung eigener Tage vertiefte Betrachtung der Vergangenheit bisher unbeachtet gebliebene oder einseitig benutzte geschichtliche Überlieferung durch neue Fragestellungen und zugleich durch Fortbildung und Anpassung quellenkritischer Methode mit großem Erfolg bereits nutzbar gemacht oder doch nutzbar zu machen begonnen hat.

Das Quellenmaterial der Geschichtswissenschaft läßt sich in seiner Gesamtheit unter dem Gesichtspunkt kritischer Behandlung und methodischer Verwertung in verschiedener Weise einteilen.

Man pflegt im allgemeinen zwei hauptsächliche Kategorien zu unterscheiden: Überreste und Tradition.[1])

Danach nennt man *Überreste* alles, was unmittelbar von den Begebenheiten übriggeblieben und vorhanden ist, und *Tradition* alles, was von den Begebenheiten überliefert ist, hindurchgegangen und wiedergegeben durch menschliche Auffassung.[2])

Daneben hat man nicht ohne gute Gründe auch eine Dreiteilung gesetzt: zwischen die Überreste und die Quellen[3]) schiebt man eine dritte Gruppe ein: die Denkmäler oder Monumente.[4]) „Sie gehören den ersteren an, insofern sie aus der Vergangenheit, von der sie Kunde geben, unmittelbar in die Gegenwart hineinragen, den letzteren, insofern sie den Zweck haben, eine bestimmte Auffassung von den Geschehnissen eben dieser Vergangenheit der Nachwelt zu überliefern.“

Für unsere Zwecke empfiehlt sich folgende Gruppierung: wir unterscheiden:

---

[1]) Vgl. E. Bernheim, Lehrbuch d. hist. Methode u. d. Geschichtsphilosophie, 5. u. 6. A. 1908, Kap. 3, § 1, S. 255—259 und Kap. 4, § 4, 1, S. 465—506. Vgl. auch P. Kirn, Einführung i. d. Geschichtswiss. (Samml. Göschen 270), 3. Aufl. 1959.

[2]) Kurze Übersicht bei Bernheim, S. 258 f.; Gute Übersicht bei A. v. Brandt, Werkzeug des Historikers, 1958, S. 58—75.

[3]) Quellen im engeren Sinne (Tradition).

[4]) Hierzu gehören die Inschriften mit unmittelbar historischem Inhalt, Medaillen, Münzen, Wappen, Siegel usw., ebenso wie Urkunden (s. d. Definition S. 48), Akten aller Art und Briefe.

Einmal alle diejenigen Quellen, welche bei ihrer Entstehung in irgendeiner Weise bestimmt gewesen sind, als geschichtlich bedeutsam betrachtete Ereignisse einer näheren oder ferneren Vergangenheit der Nachwelt zu überliefern.

Allen diesen Quellen ist gemeinsam, daß sie in einer durch menschliche Erkenntnis und Absicht bestimmten Weise uns Überlieferung bieten wollen. Das gilt ebenso — wenigstens teilweise — von denjenigen Quellen, die man als Denkmäler im weiteren Sinne bezeichnet (wozu auch ein Teil der Inschriften, Münzen und der Schöpfungen der Kunst gehören), wie auch von denjenigen, die in mündlicher Überlieferung oder in schriftlichen Aufzeichnungen mannigfaltigster Form und verschiedenen Umfangs und Inhalts Kunde von geschichtlichen Ereignissen bieten wollen. Die letzteren pflegt man meistens auch heute noch im engeren Sinn als Geschichtsquellen zu bezeichnen. Auf sie wesentlich beschränken sich z. B. die Bücher von Wattenbach, Lorenz und Vildhaut (S. 5f.). Auf ihnen fast ausschließlich oder doch ganz überwiegend hat, zum Teil weit in das 19. Jahrhundert hinein, für die meisten Perioden auch der deutschen Vergangenheit unsere Geschichtskenntnis beruht.

Andererseits die unmittelbaren Zeugnisse geschichtlich wichtiger Vorgänge, denen die Absicht, als geschichtliche Überlieferung zu dienen, nicht oder doch nur in zweiter Linie innewohnt. Erst durch methodische, wissenschaftliche Verwertung werden sie zu geschichtlichen Quellen. Dazu gehören neben vielen zuständlichen und monumentalen Überresten aus dem täglichen Leben in Staat, Beruf und Gesellschaft und dem Gebiet künstlerischen Schaffens vor allem die urkundlichen und Recht setzenden Aufzeichnungen, die Korrespondenzen und geschäftlichen Akten. Unter diesen Korrespondenzen und Akten — mögen sie von staatlichen Behörden, Genossenschaften oder Privatpersonen herrühren — haben neben denjenigen, die aus den diplomatischen Beziehungen oder der öffentlichen Verwaltung im engeren Sinne hervorgegangen sind, insbesondere auch diejenigen Aufzeichnungen immer größere Beachtung, Sammlung und Verwertung gefunden, welche aus dem öffentlichen oder privaten Wirtschafts- und Verkehrsleben erwachsen sind, namentlich solche, in denen nutzbare Rechte und Forderungen, Einkünfte und Ausgaben verzeichnet sind. Auf der Heranziehung und allmählichen Nutzbarmachung dieser Quellengruppen, vornehmlich im Laufe der letzten Jahrzehnte, beruhen nicht zuletzt die seither erzielten Fortschritte geschichtlichen Erkennens, Wissens und Verständnisses.

Eine scharfe, allgemeingültige Zuweisung des Quellenmaterials zu der einen oder anderen Quellengattung läßt sich indes nicht durchführen. *Entscheidend für die Zugehörigkeit zu einer Quellengruppe und damit auch für die Art methodischer Verwertung bleiben in letzter Linie stets das spezielle Forschungsproblem und die danach an die Quelle zu stellenden Fragen.* So kann dieselbe Quelle je nach Fragestellung und Verwertung bald zur einen, bald zur anderen Gruppe zählen, z. B. diplomatische Akten, Schriftstücke politischen Inhalts usw.

Innerhalb beider Gruppen sind die Unterschiede nach Menge, Beschaffenheit und Quellenwert durch alle Zeiten hindurch ganz gewaltig. Sache der Kritik und auf ihr fußend der Quellenkunde ist es, hier nach wissenschaftlichem Bedürfnis die ganze Summe des Materials seinem Werte entsprechend, sei es im ganzen, sei es für einzelne Fragen, zu ordnen und es dadurch erst für wissenschaftliche Benutzung wahrhaft fruchtbar zu machen.

Die Geschichtswissenschaft im eigentlichen Sinne, die Historie, hat es indessen direkt nur mit einem Teile der gesamten, geschichtlich verwertbaren Überlieferungen zu tun. Große Gebiete aus der Vergangenheit menschlicher Betätigung und Entwicklung sind Gegenstand mannigfacher, selbständiger wissenschaftlicher Disziplinen von Anfang an gewesen oder allmählich geworden und nur ihre, in selbständiger, nach eigenen Bedürfnissen bestimmter Arbeit gewonnenen Resultate übernimmt dann die Geschichtsforschung und -darstellung. Auf diese Weise sind fast alle wissenschaftlichen Disziplinen Hilfswissenschaften der Geschichte.[5]) Je nach Fragestellung und Aufgabe sind hier die Grenzen für die Zugehörigkeit zum Arbeitsgebiete schwankend, insbesondere mit der zunehmenden Spezialisierung der Wissenschaft durch Ausbildung besonderer Methoden in selbständig gewordenen Disziplinen.

Das eigentliche Arbeitsfeld der Geschichtswissenschaft ist die Summe derjenigen Erscheinungen, in denen sich nach Zeit und Ort die Entwicklung menschlichen Daseins betätigt, nicht in allen ihren Einzelerscheinungen an sich, sondern so wie sie sich vollzieht (im einzelnen sehr verschieden) in dem lebendigen Aufeinanderwirken menschlicher Gemeinschaft. Wahrhaft wirksam aber werden diese Betätigungen nur in denjenigen Verbänden, die wir *Staaten* nennen.[6]) *Alle geschichtliche Entwicklung setzt staatliches Dasein voraus.* Ob wir es dabei mit einem komplizierten oder primitiven Organismus zu tun haben,[7]) ist gleichgültig. Erst in der Betätigung innerhalb des Staates und im Ringen der Staaten untereinander, in ihren gegenseitigen Einwirkungen kommt die geschichtliche Bedeutung menschlichen Daseins und Handelns, die geschichtliche Rolle der Völker wahrhaft zur Geltung. Diese Betätigung ist keineswegs auf gewaltsame Zusammenstöße — sei es zwischen den Staaten oder im Innern des einzelnen Staats — und diplomatische Verhandlungen und Abmachungen beschränkt. Vielmehr gehören alle die Wandlungen, die sich in den sozialen und wirtschaftlichen, geistigen und religiösen Verhältnissen vergangener Generationen vollzogen haben, in den Bereich der Geschichtswissenschaft, insofern von ihnen Daseinsbedingungen und Betätigung der menschlichen Gemeinschaften beeinflußt worden sind.

Alle geschichtliche Entwicklung vollzieht sich also in Gemeinschaften. Indes es sind für deren Wandlungen von

[5]) Weitere Ausführungen gehören in eine „Einführung in die Geschichtswissenschaft".

[6]) S. auch P. Herre, Weltpolitik u. Weltkatastrophe, 1916, S. 11: „Es gehört zu den bedeutsamsten Lehren schon des ersten Weltkrieges, unsere Erkenntnis gefestigt und vertieft zu haben, daß alles geschichtliche Leben sich im Staate zusammenfaßt."

[7]) Auch die Völkerschaften der germanischen Zeit und die Stammesgebilde haben staatlichen Charakter.

größter Bedeutung stets einzelne, führende Persönlichkeiten, deren schöpferische Betätigung für Dasein, Denken und Handeln von Zeitgenossen und Nachlebenden von einflußreicher oder gar entscheidender Bedeutung war. Daher hat es die geschichtliche Wissenschaft auch in ganz besonderem Maße mit der Erforschung und Würdigung solcher *Persönlichkeiten* in ihrer geschichtlich bedeutsamen Wirksamkeit zu tun.

Aus alledem folgt, daß die geschichtliche Quellenkunde sich in erster Linie mit denjenigen Quellen zu beschäftigen hat, die uns über das staatliche Dasein und seine Wandlungen, im Verhältnis der Staaten und der Völker untereinander wie auch im Innern des einzelnen Staates, Auskunft geben, ebenso über die Machtkämpfe wie über Rechtsordnung, wirtschaftliche, soziale und kulturelle Verhältnisse.

Unter diesen Gesichtspunkten haben wir die Quellen für die deutsche Geschichte zu betrachten.

Unter *deutscher Geschichte* verstehen wir die Darstellung derjenigen Entwicklung, welche die Gemeinschaft, die wir *das deutsche Volk* nennen, vornehmlich im Rahmen des Deutschen Reiches, der seine Behauptung im geschichtlichen Ringen verbürgenden staatlichen Organisation, durchmessen hat. Umfang des Gebietes und Zusammensetzung der Bevölkerung sind im Laufe der Jahrhunderte vielfachem Wechsel unterworfen gewesen. Maßgebend für die Begrenzung des Stoffes ist die in geschichtlicher Kontinuität bis auf die Gegenwart sich vollziehende Betätigung einer selbständigen politischen Gemeinschaft, deren Formen, Festigkeit und Betätigungsbereich im Laufe der Jahrhunderte mannigfachen Wandlungen unterworfen gewesen ist. Diese kontinuierliche staatliche Entwicklung läßt sich zurückverfolgen bis auf die Teilung des karolingischen Reiches. Mit ihr beginnt daher die selbständige Geschichte *des deutschen Volkes.*

Diese Geschichte aber läßt sich nur aus genügender Kenntnis von den Zuständen und Aufgaben verstehen, welche innerhalb des karolingischen Reiches herrschend und ausschlaggebend gewesen sind. Äußere und innere Entwicklung der karolingischen Epoche bilden die Voraussetzungen nicht nur für die Anfänge, sondern in wesentlichen Beziehungen in ihren Fortwirkungen auch für den weiteren Verlauf der Geschichte unseres Volkes. Deshalb ist eine Übersicht über die Quellen der gesamten karolingischen Geschichte auch für die deutsche Geschichte unerläßlich. Die karolingische Epoche aber bedarf ihrerseits zum rechten Verständnis eines Rückblicks auf die Zeiten, da dieses Reich unter den Merowingern die Grundlagen seiner staatlichen, kirchlichen und gesellschaftlichen Formen und seinen zum guten Teil die Folgezeit bis in die deutsche Geschichte hinein bestimmenden Inhalt gewonnen hat. Daher müssen wir mit einer Übersicht über die wichtigsten Quellen der merowingischen Epoche beginnen.

§ 2. Allgemeiner Charakter des Quellenmaterials für die deutsche Geschichte

Außerordentlich groß sind die Verschiedenheiten des Quellenmaterials, das uns heute für die Erkenntnis des fast anderthalbtausend Jahre umfassenden Verlaufs merowingischer, karolingischer, deutscher Geschichte zur Verfügung steht, ebensowohl nach Umfang wie nach Beschaffenheit.

Im allgemeinen kann man zunächst sagen, daß die beiden Perioden, die wir als Mittelalter und Neuzeit[1]) zu bezeichnen gewohnt sind, in bezug auf den *Umfang* der Überlieferungen sich schroff gegenüberstehen: für die früheren Jahrhunderte verhältnismäßig spärliches Material, für die neueren Zeiten eine immer steigende, schwer zu übersehende und zu bewältigende Fülle. Innerhalb der beiden Perioden aber ist weder das Material noch unsere Kenntnis überall gleichmäßig verteilt. Zeiten, über die wir verhältnismäßig gut orientiert sind, wechseln mit solchen, für welche unsere Quellen nur zu oft die Beantwortung der wichtigsten Fra-

[1]) Wohl sind ja gegen die übliche Periodisierung in Mittelalter und Neuzeit seit längerer Zeit und neuerdings verstärkt sehr berechtigte Einwendungen geltend gemacht; indes diese Bezeichnungen sind noch nicht durch bessere ersetzt, und ihre Anwendung rechtfertigt sich so aus praktischen Gründen auch hier.

gen nicht ermöglichen, und häufig sind wir über fernerliegende Zeitabschnitte besser unterrichtet als über solche, die uns zeitlich näherstehen. Das gilt ebenso für das Mittelalter wie für die neueren Jahrhunderte. Im großen und ganzen aber läßt sich eine Zunahme des geschichtlich nutzbaren Quellenmaterials mit dem Laufe der Jahrhunderte feststellen.

Nicht minder wichtig als die Summe der zur Verfügung stehenden Nachrichten ist für uns die *Beschaffenheit* der Überlieferung. Sie ist ebenso abhängig von der allgemeinen geschichtlichen Entwicklung wie von den speziellen geistigen Strömungen der einzelnen Epochen. Unsere Überlieferung erstreckt sich auch keineswegs immer gleichmäßig über alle Teile des deutschen Gebietes. Sie steht auch hierin in Abhängigkeit von dem Wandel der geschichtlichen Entwicklung. Der Wechsel des politischen Schwerpunktes innerhalb der einzelnen Reichsteile, die Epochen der Reichseinheit, die Zeiten der Auflösung dieser Einheit und die Entwicklung selbständigen Territoriallebens im Norden und im Süden, die größere oder geringere Betätigung in den großen allgemeingeschichtlichen Bewegungen und die Erschöpfung und Erstarrung in kleinstaatlichem Stilleben, das alles kommt auch in Art, Maß und Wert der geschichtlichen Überlieferung zum Ausdruck. Nicht minder wirksam für die Überlieferung der einzelnen Epochen ist der Wandel der geistigen Strömungen, die in ihnen vorherrschend sind, und der Wechsel derjenigen Kreise, welche Träger der Bildung, des historischen Interesses, der Geschichtsschreibung sind. Insbesondere von Bedeutung ist jeweils die Frage, inwiefern diejenigen, welche uns geschichtliche Kunde zu überliefern die Absicht hatten, nach ihrer Persönlichkeit und ihrer Stellung befähigt und willens waren, uns wahrheitsgetreu und inhaltreich zu berichten.

Nicht nur nach Umfang und Wert, sondern auch nach *Form* und *Inhalt* sind ferner Mittelalter und Neuzeit in bezug auf Quellenmaterial und Quellenkunde zu unterscheiden. Bei der Erforschung des Mittelalters sind wir immer noch für geschichtliche Erkenntnis in erster Linie auf die von jeher dafür benutzten, auch durch neue Funde im Laufe des letzten Jahrhunderts vermehrten und methodisch tiefer und ergiebiger ausgeschöpften *erzählenden Quellen* angewiesen, die Geschichtsquellen im engeren Sinne. Daneben aber sind in neuerer Zeit die *Urkunden*[2]) und das *urkundliche* Material von immer größerer Bedeutung geworden. Neben diesen beiden Quellengruppen treten für den größten Teil des Mittelalters alle anderen zurück und bieten nur Ergänzungen, die freilich bei der allgemeinen Dürftigkeit der Überlieferung aus jenen Jahrhunderten auch von großer Wichtigkeit sein können.

Für das Mittelalter gilt im allgemeinen der Grundsatz, daß wir aus unzureichendem Material unsere Kenntnis durch die exakteste methodische Verwertung so breit und so tief als möglich zu gestalten suchen müssen.

Seit dem 14. Jahrhundert und insbesondere im Laufe des 15. Jahrhunderts tritt darin ein deutlich wahrnehmbarer Wechsel ein. Damals beginnt die Zeit der zunehmenden selbständigen Ausgestaltung staatlichen Lebens, in Deutschland vor allen Dingen in den einzelnen Territorien und in den Städten, die Ausbildung kommunaler und dann auch territorialer Verwaltungstätigkeit, die Entwicklung heimischen und ins Ausland verflochtenen Wirtschaftslebens, die Zunahme schriftlichen Verkehrs. Das alles findet seinen Niederschlag auch in den Akten, und mit überraschender Schnelligkeit, aus den Bedürfnissen der öffentlichen und privaten Verwaltung heraus, verbreiten sich diese Niederschriften, schnell anwachsend, im ganzen Bereiche deutschen Lebens.

Überall fängt man damals an, die Dokumente dieser administrativen und wirtschaftlichen Betätigung in den Archiven zu sammeln, und auf diese Weise wird wenigstens ein erheblicher Teil vor der Vernichtung bewahrt. Dazu beginnt dann das zunehmende Interesse breiterer Schichten der Bevölkerung, namentlich in den Städten, für geschicht-

2) Das Wort „Urkunde“ ist hier und im folgenden, soweit nichts anderes bemerkt wird, stets im strengen Sinn der Spezialdisziplin der „Diplomatik“ („Urkundenlehre“) zu verstehen (s. d. Definition S. 48).

liche Kunde einer näheren oder ferneren Vergangenheit auf die Verbreitung und Erhaltung geschichtlicher Überlieferung günstig einzuwirken. Ungemein gesteigert wird solche Verbreitung seit der Mitte des 15. Jahrhunderts durch die Erfindung des Buchdrucks und die Ausgestaltung eines regelmäßigen Nachrichtenverkehrs im Zusammenhang mit dem Postwesen.

In dieser Zeit bildet sich alsdann das europäische Staatensystem, entwickelt sich eine ständige diplomatische Vertretung, und der dadurch zwischen den Staaten entstehende regelmäßige Verkehr findet seinen Niederschlag in den diplomatischen Akten. Zugleich beginnt in zunehmendem Umfange ein brieflicher Verkehr und Austausch über geschichtlich wichtige Vorgänge. Persönlichkeiten, welche selbst die bedeutsamen Zeitereignisse erlebt oder an ihnen Anteil gehabt haben, schreiben ihre Erlebnisse in kurzen Notizen nieder oder schildern sie in zusammenhängender Darstellung: früher oder später gelangen sie an die Öffentlichkeit. So stehen denn für die Zeiten seit dem 15. Jahrhundert Akten und Briefe, Teile der geschichtlichen Vorgänge selbst, und Denkwürdigkeiten als historisches Quellenmaterial immer mehr in erster Linie. Im Vergleich zu den vorhergehenden Jahrhunderten tritt die eigentliche Geschichtsschreibung der Zeitgenossen an Bedeutung als Quelle daneben in mehr oder minder erheblichem Grade zurück.

1. Kapitel

Allgemeiner Teil

§ 3. Die Sprache der Quellen

Abgesehen von ganz vereinzelten Ausnahmen, ist die Sprache unserer historischen Quellen Jahrhunderte hindurch die der herrschenden Kulturmacht, der Kirche: *die lateinische Sprache.* Zunächst ist es in merowingischer Zeit ein von Barbarismen durchsetztes Vulgärlatein,[1]) das insbeson-

1) Die Urkundenschreiber bleiben dabei im allgemeinen bestrebt, möglichst der lateinischen Schriftsprache nahe zu kommen.

dere seit dem Ende des 6. Jahrhunderts (nach Gregor von Tours) den allgemeinen Verfall der Bildung und eine nur noch mühsam einigermaßen erhaltene Beherrschung des fremden Idioms bekundet. Erst mit der Befestigung der karolingischen Macht im 8. Jahrhundert zeigt sich eine gewisse Besserung, bis dann durch die Bemühungen Karls des Großen für Bildung und Schule ein schneller Fortschritt an der Hand der klassischen Studien (sogenannte „karolingische Renaissance") eintritt. Er muß freilich mit der Auflösung des Reichs wie im Inhalt so auch in der Form einem neuen, beträchtlichen Rückgang weichen, bis mit dem politischen Aufschwung unter den sächsischen Herrschern, seit den Tagen Ottos I., eine neue Entwicklung der Studien anhebt, die zu einer immer wachsenden Beherrschung der lateinischen Sprache führt und in den großen Annalen und Chroniken des 11. und 12. Jahrhunderts ihren Höhepunkt findet. Dann aber beginnt mit der Wandlung der allgemeinen Geistesrichtung ein entschiedenes Sinken der sprachlichen Sorgfalt bei fast allen Schriftstellern, bis erst im Laufe des 15. Jahrhunderts die humanistischen Studien in Deutschland einsetzen und Kraft gewinnen.

Die ältesten literarischen Zeugnisse in *deutscher Sprache*, der *Volkssprache*, die sich — von einzelnen Sentenzen und Formeln abgesehen — erhalten haben, gehören der Heldensage und dem Kreis christlicher Dichtung an.[2]) Sie reichen nicht über die Zeit Karls des Großen (das sächsische Hildebrandslied um 800 in Fulda aufgezeichnet) und namentlich Ludwigs des Deutschen zurück (Wessobrunner Gebet, Muspilli, Heliand und Otfrieds „Krist"). Den Straßburger Eiden, die 842 in romantischer und deutscher Sprache geschworen sind,[3]) folgt 881 das Ludwigslied, die Verherrlichung des westfränkischen Normannensiegers Ludwigs III. durch einen Geistlichen in deutschen Reimen.

2) S. darüber die Literaturgeschichten, insbes. die von G. Ehrismann (DW 3751); ferner H. de Boor, Die dt. Literatur v. Karl d. Gr. b. z. Beginn d. höfischen Dichtung, 770—1170, 3. A. 1957 u. ders., Die höfische Lit. . . . 1170—1250, 3. A. 1957.

3) Der Wortlaut bei Nithard, historiarum libri IV, Buch III 5, s. S. 119.

Neben rein literarischen Produkten, den Versen der Spielleute, denen hie und da auch geschichtlich nutzbare Kunde zu entnehmen ist, folgt das — kaum als historische Quelle zu zählende — Annolied,[4]) bis dann um die Mitte des 12. Jahrhunderts das erste Geschichtswerk in der Sprache des Volks, auch dieses in poetischer Form, entsteht: die „Kaiserchronik",[5]) zunächst ohne Nachfolge zu finden. Auch noch die Reimchroniken, die dann seit der zweiten Hälfte des 13. Jahrhunderts auftreten, bedienen sich naturgemäß schon um der populären Wirkung willen wie des Reims, so auch der Sprache des Volks (z. B. braunschweigische, österreichische Reimchronik). Das erste große Geschichtswerk in deutscher Prosa gehört dem niederdeutschen Idiom an: die „Sächsische Weltchronik"[6]) um 1230. In oberdeutscher Sprache folgt erst Anfang des 14. Jahrhunderts die Oberrheinische Chronik[7]) und dann fast durchweg die städtische Geschichtsschreibung, zuerst Closener in Straßburg. Doch bleibt namentlich in den aus den geistlichen Kreisen hervorgegangenen Werken die lateinische Sprache bis in das 15. Jahrhundert hinein herrschend.

Auch die Recht setzenden oder altes Recht festhaltenden Aufzeichnungen sind von der merowingischen Zeit her in lateinischer Sprache erfolgt. Dürftige Spuren zeigen, daß frühzeitig ein Bedürfnis vorhanden war, sie daneben durch Übersetzungen verständlich zu machen (Bruchstück einer Übersetzung der Lex Salica aus dem 9. Jahrhundert). Unmittelbar in Rechtsaufzeichnungen findet die deutsche Sprache zuerst Anwendung am Ende des 12. Jahrhunderts (z. B. Formular für den Erfurter Judeneid). Es ist die Zeit des großen kulturellen Aufschwungs, der die höheren Schichten des Bürgertums und vor allem des Rittertums ergreift: die Zeit der Heldendichtung und des Minnesangs, die Zeit auch der politischen Dichtung, deren Produkte systematisch in die historischen Quellen einzureihen man mit Erfolg begonnen hat.

[4]) MG Deutsche Chroniken I, 2. 1895. DW 6104, s. auch Qk. II.
[5]) S. Qk. II.
[6]) S. Qk. II.
[7]) S. Qk. III.

Diesem Zuge zur Anwendung der Volkssprache tragen bald auch die großen *Rechtsaufzeichnungen, Satzungen* und *Gesetze* des 13. Jahrhunderts Rechnung. „Die deutsche Sprache wird das Organ für den schriftlichen Rechts- und Geschäftsverkehr."

Wir sehen, wie zunächst ursprünglich lateinische Niederschriften ins Deutsche übersetzt werden (Sachsenspiegel des Eike von Repgow, s. Qk. II). Aber fast gleichzeitig tritt das erste große *Reichsgesetz* in deutscher Sprache auf: der Mainzer Reichslandfriede von 1235.[8]) Die meisten *landrechtlichen* Aufzeichnungen der Folgezeit wenden dann ebenfalls die deutsche Sprache an. Seit der zweiten Hälfte des 13. Jahrhunderts folgen *stadtrechtliche* Aufzeichnungen aller Art, zuerst wohl nur in deutscher Übersetzung, dann bald auch in unmittelbarer Anwendung der Volkssprache; ebenso die *Dienstrechte* und die beginnenden ländlichen *Weistümer.* In deutscher Sprache abgefaßt sind die umfangreichen, in ihren ältesten Vertretern schon dem 13. Jahrhundert angehörigen Aufzeichnungen von nutzbaren Rechten und Abgaben, die uns die Entwicklung der *Territorialwirtschaft* verdeutlichen: die *Urbare,* die ältesten solche der Habsburger und der Grafen von Tirol.[9])

Die territorialen Machthaber, die größeren und kleineren Landesherren, der grundbesitzende Adel, die Städte — Reichsstädte und auch landsässige Städte — beginnen mit der Ausdehnung, Abrundung, Konsolidierung ihres Herrschaftsbereichs, mit der Ausbildung von Verwaltungsordnungen und mit der mehr oder weniger selbständigen Beteiligung am politischen Leben, am Schriftverkehr rechtlicher, wirtschaftlicher, politischer Art teilzunehmen. Sie bedienen sich dabei — in der Mitte des 13. Jahrhunderts

[8]) Daß die deutsche Form die originale, die lateinischen Fassungen Überarbeitungen seien, hatte K. Zeumer 1902 (NA 28 u. ZSavSt RG. germ. Abt. 23) nachweisen zu können geglaubt und hatte allgemeine Anerkennung gefunden. (Verbesserter, deutscher Text und lateinische Fassung bei Zeumer, Quellensammlung [s. S. 6]). Doch haben neuerdings H. v. Voltelini, H. Steinacker u. H. Mitteis in eingehender Untersuchung der Textgestaltung erwiesen, daß der ursprüngliche Entwurf des Landfriedens lateinisch abgefaßt war und erst bei der Veröffentlichung ins Deutsche übersetzt worden sei. S. auch Qk. II.

[9]) S. S. 61 f. und Qk. II u. III.

beginnend — der deutschen Sprache. Auch die fürstlichen, städtischen und geistlichen Kanzleien nehmen darauf Rücksicht: auch sie bedienen sich der deutschen Sprache, wo es der Gewohnheit des Empfängers entspricht.[10])

Die Entwicklung zur gewohnheitsmäßigen und überwiegenden, zum Teil schließlich alleinigen Anwendung der deutschen Sprache vollzieht sich teils schneller, teils langsamer, nicht ohne Zwischenrückschläge regional, lokal und auch nach Materien verschieden im Laufe erst von mehr als einem Jahrhundert, teilweise erst an der Wende zum 15. Jahrhundert.

Am frühesten findet die deutsche Sprache in den Schriftverkehr Eingang im deutschen Süden: in den Städten der späteren Eidgenossenschaft, gerade um die Mitte des 13. Jahrhunderts; fast gleichzeitig in den Gebieten des Südostens: in Bayern, in der Ostmark, in den Städten und bei den Dynasten am Oberrhein, dann auch rheinabwärts. Zum Teil auch in den behördlichen Aufzeichnungen aller Art, aber so gut wie gar nicht in den eigentlichen Urkunden, zumal nicht in den Testamenten. Verträge und ständische Bündnisse[11]) sind bald vorwiegend deutsch abgefaßt. In den kirchlichen Instituten bleibt man lange[12]) noch beim Gebrauch der lateinischen Sprache.

Langsamer erst dringt die Anwendung des Deutschen in Mitteldeutschland vor, im einzelnen regional und lokal unterschiedlich. In den städtischen Kanzleien dringt es erst in der zweiten Hälfte des 14. Jahrhunderts durch, im eigentlichen Norddeutschland in niederdeutschem Idiom. Manche landesherrlichen und städtischen Kanzleien scheinen sich zäh gegen die Neuerung, wenigstens für gewisse Teile ihrer Akten, zu wehren.[13])

---

[10]) S. hierfür und für das Folgende bes. F. Merkel, Das Aufkommen der deutschen Sprache in den städtischen Kanzleien des ausgehenden Mittelalters, 1930.

[11]) Die Korrespondenzen und Urkunden des Rheinischen Städtebundes z. B. sind bis 1293 lateinisch.

[12]) In den Nonnenklöstern wird z. T. frühzeitig deutsch geschrieben.

[13]) Das Bündnis zwischen Lübeck und Hamburg von 1327 ist lateinisch abgefaßt, erst die Wiederholung von 1333 deutsch. Bis 1370 sind deutsche Urkunden in Hamburg selten; das Stadterbebuch ist bis ins 19. Jahrhundert lateinisch geführt.

Das höhere Bürgertum ist ja auch bis zum Ausgang des Mittelalters, besonders in den kaufmännischen Kreisen in ausreichendem Maße lateinkundig. Wie denn auch die uns erhaltenen Handlungsbücher, seit dem letzten Viertel des 14. Jahrhunderts einsetzend, noch z. T. weit ins nächste Jahrhundert hinein, sich überwiegend der lateinischen Sprache bedienen.[14])

Die Hansestädte verkehren untereinander lateinisch bis ins letzte Viertel des 14. Jahrhunderts; die Rezesse sind seit 1368 oft niederdeutsch, erst seit 1380 allgemein deutsch.

Im Deutschen Orden ist die erste deutsche Urkunde die Handfeste für Kulm (1251), der Schriftverkehr im Orden aber bleibt lateinisch.

Erschwerend und verlangsamend für das Durchdringen der deutschen Sprache war die Besorgnis verminderter Rechtssicherheit deutscher Schriftstücke.

Daher hat sich ihre Anwendung in den eigentlichen *Urkunden*[15]) erst schwieriger und langsamer durchgesetzt. Einer Periode gelegentlicher Sprachmischung folgt 1238/9 die älteste ganz deutsche Urkunde: ein Vergleich im Habsburgerhause, 1240 die älteste, aber nicht in der Kanzlei geschriebene Kaiserurkunde (für Kaufbeuren). Dann hat der Sturz des staufischen Hauses wohl auch auf diesem Gebiete die Tradition gelockert. Deutsche Urkunden in größerer Zahl aus der königlichen Kanzlei weist erst die Regierung Rudolfs von Habsburg auf. Unter ihm urkundet das Reichshofgericht in deutscher Sprache. Doch bleiben auch damals und selbst weiterhin die deutschen Urkunden noch in der Minderheit. Erst in der Kanzlei Ludwigs des Bayern und dann, nach anfänglichem Rückfall, unter Karl IV. gewinnt in der Kanzlei des Herrschers die deutsche Sprache die Oberhand. Die aus den fürstlichen und städtischen Kanzleien hervorgehenden urkundlichen Auf-

14) S. Qk. III.

15) S. dafür H. Bresslau, Handbuch der Urkundenlehre II, 1[3] Kap. 15 und Urkundenlehre v. O. Redlich u. W. Erben (s. S. 48). Vgl. auch: Corpus der altdt. Originalurkunden bis zum Jahre 1300. Hrsg. v. F. Wilhelm, fortgef. R. Newald u. H. de Boor. Bisher Bd. 1—3 (1200—1296) 1932—1957.

zeichnungen folgen seit der Mitte des 13. Jahrhunderts. Die lateinische Sprache wird nie völlig verdrängt, aber die Volkssprache gewinnt die Herrschaft, in allmählichem Vorrücken vom Süden zum Norden, im Laufe der ersten Hälfte des 14. Jahrhunderts.[16])

In den französisch sprechenden westlichen Teilen des Reichs, besonders in Lothringen, kommen Urkunden in *französischer Sprache* seit dem Anfang des 13. Jahrhunderts vor, die älteste erhaltene Originalurkunde stammt aus Metz 1212; der Gebrauch wird bald allgemein und dringt mit Heinrich VII. auch in die Reichskanzlei ein, weniger für Urkunden als für Rechnungen und andere Aufzeichnungen des Hofhalts; auch unter Karl IV. bedient sich die anfänglich bestehende Kanzlei für die Grafschaft Lützelburg der französischen Sprache.

Auch die *Inschriften* sind bis ins hohe Mittelalter hinein lateinisch abgefaßt. Deutsche Inschriften tauchen erst seit etwa 1200 auf, zuerst noch vereinzelt; erst im 14. Jahrhundert werden sie weniger selten, erst seit 1500 überwiegen sie.[17])[18])

Die *philologische Erforschung der mittelalterlichen Latinität*, insbesondere der Geschichtsquellen, die für Quellenkritik und Quellenverwertung von eminenter Bedeutung ist, ist lange Zeit von der Philologie, der diese Aufgabe obliegt, ungebührlich vernachlässigt worden. Erst neuerdings hat man sich, nicht zum wenigsten durch die bahnbrechenden Studien des frühverstorbenen Ludwig Traube († 1907 als Prof. in München) beeinflußt, dieser dankbaren Aufgabe zugewendet, besonders Wilhelm Meyer von Speyer, Paul von Winterfeld, Karl Strecker, Paul Lehmann, Bernhard Bischoff u. a. m. Neben dem Studium der Stilformen bedarf die Erforschung der von der uns geläufigen, an der klassischen Latinität orientierten, oft abweichenden Wortbedeutung, die in

---

16) Siehe M. Vançsa, Das erste Auftreten der deutschen Sprache in den Urkunden, 1895 u. ders. in Deutsche Geschichtsblätter 3, 117—120.

17) F. Panzer, Die Inschriften des Deutschen Mittelalters. 1938.

18) Aus deutschem Sprachgebiet ist nur eine französische Inschrift bekannt: am Nikolausportal des Münsters zu Colmar, Signat der Werkmeister Maistres Humbert.

den Jahrhunderten des Mittelalters selbst nach Zeit und Ort neuen Wandlungen unterliegt, besonderer Beachtung.[19])

Und wie durch jene Zeiten hindurch Buchschrift und Urkundenschrift (einschließlich der Briefe und Akten) wesentlich abweichende Züge zeigen, so weist die Sprachform der lateinischen Literatur von der des urkundlichen Materials bedeutsame Unterschiede auf. Und wieder die Verschiedenheit der Sprache in Wortformen, Sprachschatz und Satzbau bei diesen Quellengattungen in sich, auf die man namentlich bei den Urkunden durch die Fortschritte der diplomatischen Kritik aufmerksam geworden ist, enthält wichtige, quellenkritische, ja auch unmittelbar für die Tatsachenkritik verwendbare Erkenntnismomente.[20])

§ 4. Überlieferung und Sammlung des Quellenmaterials

Je weiter wir zeitlich zurückgehen, um so mangelhafter ist es im allgemeinen mit der Erhaltung und Überlieferung des einst vorhandenen Quellenmaterials bestellt. Wir haben heute aus allen den verschiedenen Quellengruppen nur noch einen erheblich geringeren Teil als dasjenige, was in jenen Jahrhunderten des Mittelalters selbst vorhanden gewesen ist. Nicht nur die Vergänglichkeit des Materials und die vielfachen, vernichtenden Einflüsse der Zeit sind die Ursachen dieser beklagenswerten Verluste,[1]) sondern vor allen Dingen ist von verhängnisvollem Einfluß die Geistesrichtung gewesen, welche seit der Mitte des 13. Jahrhunderts Platz greift: die Abwendung von gesundem geschichtlichen Sinne, die Genügsamkeit mit kurzen historischen Kompendien, das Interesse für Fabeln und Wunder. In diesen Zeiten ist die Bekanntschaft mit der wirklichen Überlieferung früherer Zeiten immer geringer geworden, die Sorge für ihre Erhaltung immer mangelhafter.

Dagegen wurde von der größten Bedeutung für die Erforschung der deutschen Vergangenheit und für die Er-

[19]) K. Strecker, Einführung i. d. Mittellatein. 3. A. 1939.

[20]) U. a. sind die Namensformen ein ergiebiges Kriterium. Weitere Ausführungen nach dieser Richtung gehören in die Methodologie oder Einführung in die Geschichtswissenschaft.

[1]) Auch noch im 18., 19. u. 20. Jahrhundert sind Handschriften — darunter manche wichtige — erzählender und urkundlicher Quellen verschollen (z. B. der Annales Altahenses, s. Qk. II) oder zugrunde gegangen (durch Kriege, Feuersbrünste, Unglücksfälle, Nachlässigkeit).

haltung und Wiedergewinnung geschichtlicher Materialien die Epoche des Humanismus. Da begann man an nicht wenigen Stellen, zum Teil mit stürmischem Entdeckungseifer, an ein Durchsuchen der Bibliotheken und Archive zu gehen. Eine Fülle von verschollenen Schriften, in denen Geschichtsschreiber früherer Jahrhunderte die Vorgänge ihrer eigenen Tage, zum Teil in bedeutenden Werken, aufgezeichnet hatten, wurde damals ans Tageslicht gezogen.

Mannigfache Förderung fanden diese Bestrebungen durch Kaiser Maximilian: in seinem Auftrag haben Männer wie Conrad Celtis,[2]) Cuspinian,[3]) sein Hofhistoriograph Stabius[4]) und andere vielfach Reisen in Bibliotheken unternommen. Eigener Eifer trieb manchen von humanistischem Streben erfüllten Zeitgenossen auf die nämlichen Pfade. Zu der von Maximilian geplanten Bearbeitung deutscher und speziell habsburgischer Geschichte ist es damals nicht gekommen. Aber eine große Zahl wichtiger Quellenzeugnisse, die zum Teil seit Jahrhunderten verschollen waren, wurde in jenen Jahrzehnten wieder entdeckt und nun durch den Druck der wissenschaftlichen Welt zugänglich gemacht. Schon zwischen 1470 und 1474 erschien die Historia Friderici: d. h. ein Teil der Ursperger Chronik (s. Qk. II). 1501 werden von Celtis in St. Emmeram in Regensburg die Werke der Hrotsvith (s. Qk. II), im Kloster Ebrach in Franken der Ligurinus gefunden, jene 1501, dieser 1507 gedruckt; im folgenden Jahre die Gesta Heinrici IV. (s. Qk. II); im nächsten Jahrzehnt folgt die erste Ausgabe der Ursperger Chronik (s. Qk. II), die Langobardengeschichte des Paulus Diaconus (s. u. S. 76), ferner die Vita Heinrici IV. (s. Qk. II, von Aventin herausgegeben), Otto von Freising und Rahewin (s. Qk. II), die Werke

---

[2]) C., 1459—1508, aus Franken, gefeierter Humanist und Dichter (1487 poëta laureatus), seit 1497 Prof. d. Dichtkunst u. Beredsamkeit in Wien.

[3]) C., eigentlich Johann Spießhaymer, 1473—1529, aus Schweinfurt, Maximilians Arzt, seit 1508 Nachf. v. Celtis an d. Univ. Wien, 1515 Vorsitz. d. Geh. Rats.

[4]) Johann Stabius aus Steyr, Humanist und Mathematiker, seit 1497 an d. Univ. Wien.

Einhards[5]) (s. u. S. 108 f.) und manche andere, teils zum erstenmal, teils in neuen Ausgaben. Der Beginn der reformatorischen Bewegung förderte diese Bestrebungen. In den Zeugen der kirchenpolitischen Kämpfe der Vergangenheit fand man Waffen für den großen Streit, der die eigene Zeit erfüllte. Schon griff man auf die politischen Streitschriften nicht nur der konziliaren Epoche, sondern auch der Zeit des Investiturstreites zurück: sie wurden gedruckt und mit Eifer gelesen: so hat 1520 Ulrich von Hutten die berühmte Schrift de unitate ecclesiae conservanda (s. Qk. II) herausgegeben.

Aber es blieben doch eigentlich Gelegenheitsfunde. Von systematischer Durchforschung der unübersehbaren Handschriftenbestände in den meist in Stiftern und Klöstern befindlichen Bibliotheken war noch keine Rede. Und man druckte auch nur, was eben eine Handschrift bot. Unseren kritischen Forderungen, für die die Heranziehung aller erreichbaren Handschriften jeder Quelle selbstverständlich ist, genügen diese Ausgaben natürlich nicht. Und doch sind sie häufig für uns unentbehrlich, weil die ihnen zugrunde liegenden Handschriften — manchmal überhaupt die einzigen, die bekannt wurden — inzwischen verlorengegangen sind; wie wir uns denn auch die Verluste, welche seit jener Epoche noch die Handschriftenbestände durch die zerstörende Kraft der Zeit und mangelhafte Sorgfalt und Ordnung erlitten haben, nicht zu gering vorstellen dürfen.

Auch in größeren und kleineren *Sammlungen* begann man damals schon die besonders geschätzten und wichtigen Geschichtswerke herauszugeben, und an Versuchen kritischer Behandlung, zum Teil nicht unrühmlicher Art — man denke an Leibniz —, hat es auch weiterhin nicht gefehlt. Heute noch sind für die Autoren seit dem Ausgang des 13. Jahrhunderts diese Ausgaben,[6]) teils allgemein deutschen, teils territorialen oder lokalen Charakters, nicht

---

[5]) Die Vita Karoli „das hervorragendste literarische Werk der Karolingischen Zeit" (Fedor Schneider).

[6]) Eine Anzahl dieser Sammlungen findet man im Dahlmann-Waitz, 9. A. Nr. 1134 verzeichnet; s. aber auch 8. A. S. 53f. u. 62f., sowie 7. A. S. 27ff. u. 36.

zu entbehren, wo eben neuere Sammlungen oder Einzelausgaben nicht vorliegen. Die kirchenpolitischen Bedürfnisse der Reformationsepoche hatten dabei einen nicht unwesentlichen Einfluß ausgeübt: von protestantischer Seite schuf der Theologe Flacius Illyricus (aus Albona in Istrien 1520—1575) mit einer Reihe von Mitarbeitern die erste große Kirchengeschichte: die „Magdeburger Zenturien" in 13 je ein Jahrhundert umfassenden Bänden (1559 bis 1574),[7]) denen dann aus dem katholischen Lager (bis 1198 reichend) die Annales ecclesiastici, 12 Bände, (zuerst 1588 bis 1593) des Kardinals Cäsar Baronius (1538—1607) mit der noch heute unentbehrlichen Fortsetzung (bis 1565) des Raynaldus (1595—1671) entgegengestellt wurden.[8])

Erst mit dem Erwachen der modernen historischen Wissenschaft im 19. Jahrhundert beginnt die systematische Durchforschung der Bibliotheken nach den Handschriften mittelalterlicher Quellen. Diesen Bestrebungen kam die der Versenkung in das von der Aufklärung so gering geschätzte Mittelalter günstige Stimmung der romantischen Epoche entgegen. Bahnbrechend aber wurde dafür der Freiherr vom Stein. Bei seiner Beschäftigung mit den Zeiten einer glanzvoll erscheinenden Vergangenheit, in den Jahren der Enttäuschung, welche den Freiheitskriegen folgten, empfand er das Bedürfnis nach einer vollständigen und kritisch zuverlässigen Sammlung der Geschichtsquellen unserer Vorzeit. Zur Verwirklichung dieses Wunsches rief er 1819 die *„Gesellschaft für ältere deutsche Geschichtskunde"* ins Leben. Sie sollte die vollständige Sammlung aller für die deutsche Geschichte vorhandenen Quellen, zunächst für die Zeit von 500 bis 1500 nach Christi Geburt, in Angriff nehmen. Stein wünschte „den Geschmack an deutscher Geschichte zu beleben, ihr gründliches Studium zu erleichtern und hierdurch zur Erhaltung der Liebe zum gemeinsamen Vaterland und dem Gedächtnis unserer großen Vorfahren beizutragen".

---

[7]) Das Werk entstand großenteils in den Jahren von Flacius' u. seiner Freunde Aufenthalt in Magdeburg. S. Wegele, Gesch. d. deutschen Historiographie 1884 S. 331ff. DW 9363.

[8]) DW 3309.

Stein hat durch private Beiträge, zunächst vornehmlich aus den Reihen rheinischer und westfälischer Adliger, vor allem auch durch eigene namhafte Zuwendungen die immerhin bescheidenen Mittel aufgebracht, mit denen vornehmlich durch seine Energie von verschiedenen Gelehrten die Vorbereitung und dann seit 1826 von G. H. Pertz die Herausgabe der Folianten begonnen werden konnte. Die Hoffnung, durch Heranziehung von Bundestagsgesandten zur Mitgliedschaft materielle Unterstützung von den deutschen Einzelstaaten zu gewinnen, schlug für längere Zeit zunächst in der Hauptsache fehl. Nur der König von Preußen und einige deutsche Staaten gewährten anfänglich geringfügige Beiträge; eine Anzahl anderer fanden sich zur Abnahme weniger Exemplare der Monumenta bereit. Metternich und die meisten Regierungen, auch die preußische, standen in einer bedauerlichen, aber für den Geist der Restaurationszeit bezeichnenden Weise dem Unternehmen, das freilich nationaler Gesinnung entsprungen, aber rein wissenschaftlich angelegt war, mit politischem Mißtrauen gegenüber, zum Teil schon um der Beteiligung Steins willen. Erst seit 1834 hat nach Empfehlung durch den Bundestag die Mehrzahl der Bundesstaaten, zum Teil allerdings nicht ohne kleinlichstes Markten, zunächst befristete, später fortgewährte und etwas erhöhte, aber immer noch sehr bescheidene, doch bei dem langsamen Fortgang des Unternehmens leidlich ausreichende jährliche Zuwendungen gewährt.

Die Trägerin der großen Quellensammlung, die *„Gesellschaft für ältere deutsche Geschichtskunde"*, hatte von Anfang an außer Stein selbst in den lockeren Formen persönlicher Mitgliedschaft weniger Männer aus dem Kreise der Bundestagsgesandten und später einiger Gelehrten bestanden, die sich durch Zuwahl nach Bedarf ergänzten: der Mittelpunkt lag in der aus wenigen Personen bestehenden, die Geschäfte leitenden Zentraldirektion, in der neben dem 1842 ausscheidenden J. F. Böhmer der hannoversche, später (seit 1842) Berliner Oberbibliothekar Georg Heinrich Pertz (1795—1876) die leitende, zeitweise bis zu diktatorischer Handhabung entwickelte Stelle einnahm.[9])

Mit seinem Eintritt (1824) hatte, soweit das bei den vorhandenen Mitteln möglich war, durch einige dafür gewonnene Gelehrte eine umfassende und systematische Durchforschung der

[9]) Über die Entstehung und Geschichte des Unternehmens sind wir erst neuerdings in umfassender und ausgezeichneter Weise unterrichtet durch die zum Säkulargedächtnis im Auftrage der Zentraldirektion verfaßte, aus dem Archiv der Gesellschaft geschöpfte „Geschichte der Monumenta Germaniae historica" von H. Bresslau (1921).

Handschriftenbestände in den Bibliotheken des deutschen Bundesgebietes, aber auch im Ausland, vor allem in Frankreich und Italien, eingesetzt. Dann wurden — weil am leichtesten durchführbar — zunächst die erzählenden Quellen der karolingischen Epoche bearbeitet: 1826 konnte der erste Band der *Monumenta Germaniae historica* (so lautet der Titel des großen Quellenwerkes; die übliche Sigle: MG) erscheinen. Erst im weiteren Fortgang wurde klar, wie sehr man nach Zeit und Umfang die Aufgabe unterschätzt hatte,[10]) insbesondere als man zu den Geschichtswerken der salischen und gar der staufischen Zeit gelangte.

Bedeutsam aber wurde damals diese gewaltige Quellenedition zugleich auch für die Entwicklung der modernen Quellenkritik — nach der materiellen und technischen Seite. Es war von vornherein als Grundsatz für die MG aufgestellt worden, daß zur Gewinnung kritisch zuverlässiger Texte alle erreichbaren Handschriften aufgespürt und herangezogen werden sollten. Es galt dann, Überlieferung und Abhängigkeit der Handschriften festzustellen. Es galt ferner, die Arbeitsweise der Schriftsteller und die Abhängigkeit später Quellen von früheren, erhaltenen oder verlorenen — oft sehr verwickelte Beziehungen — ans Licht zu stellen, um so den selbständigen Quellenwert der einzelnen Geschichtswerke (im ganzen wie für einzelne Teile) erkennen zu können und damit die Grundlagen für ihre Benutzung, insbesondere ihre Verwertung bei der Feststellung der Tatsachen, zu geben. Für mehrere Jahrzehnte sind die meisten deutschen Geschichtsforscher, die sich auf dem Gebiete des Mittelalters einen Namen gemacht haben, längere oder kürzere Zeit an der Arbeit für unsere „Monumenta" — wie man sie schlechthin nennt — beteiligt gewesen und haben hier in Quellenbehandlung und Tatsachenfeststellung eine gründliche, wenn auch in gewissem Sinne naturgemäß einseitige Schulung genossen. Allmählich aber überstieg die wachsende Größe der Aufgaben die Kraft des alternden Pertz. Größere Mittel wurden erforderlich. Die Arbeit geriet immer mehr ins Stocken. Erst nach der Begründung des Deutschen Reiches wurde dann durch Bismarcks Eintreten und die Zustimmung von Bundesrat und Reichstag die Fortführung des großen nationalen Unternehmens zur Reichssache gemacht: in den Reichshaushalt wurde eine ansehnliche, mehrfach erhöhte Summe eingestellt; eine *Zentraldirektion*, bestehend aus Vertretern der Akademien der Wissenschaften von

---

10) Stein hatte auf 30 Bände für die ganze Zeit und die Erledigung in einem halben Jahrhundert gerechnet.

Berlin, München und Wien und einer Anzahl von ihnen zugewählter Gelehrter, wurde an die Spitze gestellt. Die eigentliche Leitung erhielt ein als Reichsbeamter ausschließlich mit dieser Aufgabe betrauter Direktor: zuerst (1875) Georg Waitz († 1886),[11] dann von 1888—1902 Ernst Dümmler (1830 bis 1902, vorher Professor in Halle), hierauf der Generaldirektor der preußischen Staatsarchive, Reinhold Koser († 1914),[12] seit 1919 dessen Nachfolger Paul Kehr. Namhafte Gelehrte, unter deren Leitung und Verantwortung jüngere Forscher arbeiten, traten als Leiter an die Spitze der einzelnen, öfters noch in Gruppen zerlegten Abteilungen oder Unterabteilungen. Zugleich wurde damals (1875) ein neuer, umfassender Arbeitsplan aufgestellt, der auch bisher beiseite gelassene Quellengebiete einschloß. Dadurch trat ein beschleunigter und geregelter Fortgang des großen Unternehmens ein. Freilich ist auch jetzt, selbst in den erzählenden Quellen, das Material bis zum Ausgang der staufischen Zeit noch nicht völlig bearbeitet (S. 74 ff.).

Die zum 1. April 1935 von dem damaligen nationalsozialistischen Reichsminister Rust verfügte Umwandlung der Zentraldirektion in ein „Reichsinstitut für ältere deutsche Geschichte" mit allen ihren Konsequenzen ist natürlich mit der Katastrophe des Hitlerreichs zusammengebrochen.

In Anknüpfung an den Zustand vor 1935 wurde die alte „Zentraldirektion" neu konstituiert; sie besteht wiederum aus je einem Vertreter der Akademien Berlin, München, Leipzig, Göttingen, Heidelberg und Wien, ferner aus den Leitern der einzelnen Abteilungen sowie aus „sonstigen, mit Rücksicht auf ihre besondere Sachkenntnis herangezogenen Persönlichkeiten".[13]

Die Monumenta Germaniae historica — Deutsches Institut für Erforschung des Mittelalters, wie der Name des Instituts nunmehr lautet, haben ihren Sitz jetzt in München und wurden am 1. 4. 1953 in die Obhut der Kulturgemeinschaft der Länder der Bundesrepublik Deutschland übernommen. Sie sind dem

---

11) Georg Waitz, 1813—86, Prof. zuerst in Kiel, 1849—75 in Göttingen, einer der namhaftesten Forscher auf dem Gebiete mittelalterlicher Quellenkritik („Göttinger Schule") u. Quellenedition sowie der Verfassungsgeschichte. (Deutsche Verfassungsgeschichte bis zur Mitte des 12. Jahrhunderts, Bd. 1—8, 1844 bis 1878; Bd. 1—6 in 2. Aufl., der 5. von Zeumer 1893, der 6. von Seeliger 1896 besorgt. Neudruck Bd. 1—8, 1953—1955.)

12) Reinhold Koser (1852—1914), Archivar und Professor in Berlin, seit 1890 in Bonn, seit 1896 als Heinr. v. Sybels Nachfolger Generaldirektor der preußischen Staatsarchive; sein Hauptwerk: König Friedrich der Große, 7. Aufl. 4 Bde. 1925.

13) § 2 des Statuts (DA 8, 1950, S. 22—25).

bayerischen Kultusministerium unterstellt, dem auch die Ernennung des von der Zentraldirektion zu wählenden Präsidenten zusteht.

Zum Präsidenten wurde 1947 Prof. Dr. Friedrich Baethgen gewählt, dem 1958 Prof. Dr. Herbert Grundmann folgte.

Je mehr sich zeigte, daß es unmöglich war, das gewaltige von Stein entworfene Programm in absehbarer Zeit durchzuführen, um so mehr wuchs das Bedürfnis nach einer Entlastung von anderer Seite her. Und nach den verschiedensten Richtungen wurde diese zumal seit den sechziger Jahren in Angriff genommen.

Erstlich griffen einzelne Gelehrte besonders wichtige Quellen oder Quellengruppen zur Bearbeitung in Sonderausgaben oder -sammlungen heraus: vor allen Dingen Philipp Jaffé[14]) mit seiner *Bibliotheca rerum Germanicarum* (s. S. 82) und J. F. Böhmer[15]) mit den *Fontes rerum Germanicarum* (s. S. 82). Durch die Fortführung der MG sind diese Sammlungen jetzt z. T. veraltet; manche Ausgaben aber darin haben trotzdem noch heute ihre Bedeutung behalten.

Zweitens: eben Böhmer war auf die Bedeutung der von den Monumenta zunächst nicht in Angriff genommenen *Urkunden,* in erster Linie der Urkunden unserer Könige und Kaiser, für die Erforschung des Mittelalters aufmerksam geworden und nun bestrebt, zunächst das in älteren Drucken, in Bibliotheken und vor allen Dingen in den Archiven unübersehbar zerstreute Material an Herrscherurkunden festzustellen, zu verzeichnen und in kurzen Angaben über alles Wichtige, sog. *Regesten* (s. S. 50 u. 85 ff.), zugänglich zu machen. Noch dankbarer muß ihm aber die Geschichtswissenschaft sein, daß er nicht nur selbst bemüht gewesen ist, diese Sammlungen der Urkundenverzeichnisse immer weiter zu ergänzen, sondern außerdem auch testamentarisch in der Böhmer-Stiftung reiche Mittel für immer ausgedehntere Durchforschung deutscher und außerdeutscher Archive zur Unterstützung der Herausgabe von Quellensammlungen und vor allem für die völlige Neubearbeitung seiner heute ganz unentbehrlichen Regestensammlungen — einer Arbeit, in

[14]) Phil. Jaffé, 1819—1870, seit 1862 a. o. Prof., bes. für histor. Hilfswissenschaften in Berlin.

[15]) Joh. Friedr. Böhmer, 1795—1863, Archivar u. Bibliothekar in seiner Vaterstadt Frankfurt a. M.

der wir zur Zeit noch mitten drinstehen — in hochherziger Weise bereitgestellt hat.

Drittens haben die großen Akademien und die landes- oder lokalgeschichtlichen historischen Vereine und Kommissionen[16]) einen erheblichen Teil derjenigen Arbeit übernommen, der ursprünglich in den Arbeitsbereich der Monumenta Germaniae gehörte (s. die wichtigsten Publikationen weiterhin S. 83 ff.), durch die Herausgabe territorialgeschichtlicher und lokaler Quellen, erzählender, urkundlicher oder aus Aktenbeständen mannigfachster Art bestehender Materialien.

§ 5. Allgemeine Übersicht über die Quellen der deutschen Geschichte im Mittelalter

Eine tiefe Kluft trennt trotz mannigfacher Übergänge im Ganzen doch die vom Imperium Romanum umschlossene Kulturwelt der Antike, die vornehmlich auf hellenistisch-römischer Grundlage beruht, von der vorwiegend durch die römische Kirche bestimmten Kultur des Mittelalters. In den Stürmen der germanischen Eroberungskämpfe geht im Bereich der abendländischen Völker die antike Welt zugrunde. Die klassischen Studien und Schulen verfallen: zuerst in Italien, dann auch in Gallien im Laufe des 6. Jahrhunderts.

Die Geschichtsschreibung verstummt unter den Erschütterungen der unablässigen Kämpfe, die zumal seit der Mitte des 6. Jahrhunderts das Frankenreich erfüllen. Gregor, der Bischof von Tours, hat, der letzte für lange Zeit, uns eine Schilderung jener Zeiten, seiner eigenen Tage, gegeben, charakteristisch auch durch die barbarische Entartung des zur Vulgärsprache gewordenen Lateins. Was sonst über die Ereignisse und Männer der eigenen Zeiten geschrieben wird, sind fast nur Martyrologien und Wundergeschichten. Der unvollkommenen staatlichen Organisation entspricht die Verständnislosigkeit für die Vorgänge des politischen Lebens. Höchstens an dem äußeren Verlauf

[16]) Ein Verzeichnis der staatlichen Historischen Kommissionen und der die gleichen Ziele verfolgenden Gesellschaften bei W. Hoppe u. G. Lüdtke, Die deutschen Kommissionen u. Vereine f. Gesch. u. Altertumskunde. 1940. (Minerva-Handbücher, 4. Abt., Bd. 1).

einzelner Vorgänge haftet die geschichtliche Erwähnung. Immer enger wird der Kreis der Bildung: auf Jahrhunderte hinaus bleibt sie mit geringen Ausnahmen auf den Klerus beschränkt, die Sprache lateinisch.

Die mittelalterliche Geschichtsschreibung im europäischen Raum ist also fast ausschließlich christlich und kirchlich. Dies ist von Bedeutung vor allem für die Wahl und Auswahl des Stoffes, die Auffassung und Begründung einzelner Vorgänge. Der mittelalterliche Autor ist stets an sein Weltbild gebunden, er kennt keine Objektivität im heutigen Sinne.

Hier setzt nun die historische Kritik ein; Textkritik und Textanalyse vermögen die Glaubwürdigkeit einer Quelle genau zu untersuchen und ihren Wert für die Forschung einzuschätzen. Heute begnügt man sich allerdings nicht mehr allein mit der Gewinnung neuen Nachrichtenmaterials und der Prüfung der Quellen hinsichtlich ihrer Glaubwürdigkeit, sondern wendet sich — nachdem zumeist auch den formalen Elementen Aufmerksamkeit geschenkt wurde — nunmehr in steigendem Maße dem geistigen Hintergrund der literarischen Zeugnisse zu. Auf die geistige Grundhaltung der Autoren selbst richtet sich der Blick, und diese wird Gegenstand der Untersuchung.[1])

Innerhalb der durch das mittelalterliche Weltbild gezogenen Grenzen vollzieht sich aber doch eine bemerkenswerte Höherentwicklung: von der in Sprache und Auffassung dürftigen und rohen Berichterstattung unter den Merowingern an bis zu den großen zeitgenössischen Darstellungen des 11. und 12. und dann wieder des 14. Jahrhunderts.

Das erste kräftige Aufwärtsstreben fällt in die Zeiten, in denen, vor allem durch die Taten Karl Martells, die Herrschaft des karolingischen Hauses begründet wird. Es entsteht eine neue Form der geschichtlichen Berichterstattung: die *Annalen*.

---

1) Ein Eingehen hierauf sprengt den Rahmen einer Quellen**kunde**. Hier beginnt die Aufgabe der Geistesgeschichte, eine Geschichte der mittelalterlichen Geschichtsschreibung zu geben. H. Grundmann, Geschichtsschreibung im MA., in: Dt. Philologie im Aufriß, Bd. III, Sp. 1273—1336.

Vielleicht in Anlehnung an römische Muster wurden sie jetzt an die von angelsächsischen Mönchen ins Frankenreich gebrachten Ostertafeln angeschlossen, welche Jahr für Jahr das Datum des das ganze Kirchenjahr regelnden Osterfestes angaben.[2]) Der neben den chronologischen Angaben freibleibende Teil der Zeilen des Pergamentblattes wurde in den Klöstern zur Verzeichnung von bemerkenswerten Ereignissen — wichtigen Kämpfen, Todesfällen und Wechseln von Herrschern, Päpsten, Äbten usw., Naturereignissen — verwendet, soweit man eben davon erfuhr; meist beschränkt sich der Umkreis der Berichterstattung auf ein nicht gerade weites Gebiet. Oft reichte der Platz für ein Jahr nicht aus; man schrieb die Notizen zu anderen Jahren, über die man nichts Bemerkenswertes zu berichten wußte. Die hinzugefügten Verweisungszeichen wurden aber von Abschreibern nicht ganz selten mißverstanden oder nicht beachtet: daher denn vielfach die chronologischen Differenzen und Fehler aus diesen Annalen stammen.[3]) Denn diese Annalen wurden sehr viel abgeschrieben und wanderten, oft in Verbindung mehrerer Vorlagen, von Kloster zu Kloster.

Die ursprüngliche, knappe Form annalistischer Aufzeichnungen über bemerkenswerte Ereignisse erhält sich, wenn auch kaum mehr im Anschluß an Ostertafeln, durch die mittelalterlichen Jahrhunderte hindurch, und gerade in solchen dürftigen Notizen sind uns gelegentlich höchst wichtige, anderswo nicht erwähnte Nachrichten überliefert.[4]) Im allgemeinen aber nahmen die Annalen, z. T. bereits in karolingischer Zeit, dann besonders seit dem 11. Jahrhundert, für kürzere oder längere Abschnitte größere Ausführlichkeit an, ja sie werden z. T. zu wirklichen Darstellungen der Zeitereignisse, wobei dann der annalistische Rahmen zur reinen äußeren Form wird: die Annalen unterscheiden sich kaum mehr von der Chronik.

Das durch Benutzung von einer oder mehreren am gleichen oder anderen Orten entstandenen Aufzeichnungen bedingte Abhängigkeitsverhältnis der Nachrichten und damit den Quellenwert festzustellen, ist eine der wichtigsten Aufgaben der Kritik, insbesondere auch, ob die Notizen Jahr für Jahr gleichzeitig oder

---

[2]) Der angelsächsische Mönch und Kirchenhistoriker Beda (auch Baeda † 735) hatte in seinem Werk de temporum ratione den bis 532 reichenden Osterzyklus des Dionysius Exiguus bis 1063 fortgeführt. Diese Liste fand weiteste Verbreitung.

[3]) Vgl. die Schriftprobe der Annales Corbeienses (MG SS III) und Arndt-Tangl, Schrifttafeln II 4. A., Taf. 50.

[4]) S. z. B. Ann. S. Georgi (St. Georgen im Schwarzwald) ed. A. Hofmeister in Zs. f. Gesch. d. Oberrheins, N.F. 33 (1918), zu 1175.

aus der Erinnerung oder nach Vorlagen für kürzere oder längere Zeiträume nachträglich eingetragen sind. Die Aufgabe wird dadurch erleichtert und ermöglicht, daß erfahrungsgemäß die Vorlagen lange Zeit meist in wörtlicher Anlehnung übernommen wurden. Je größer weiterhin die Herrschaft über die zunächst nur mangelhaft erlernte fremde Sprache wird, um so schwieriger wird freilich vielfach die Feststellung der Abhängigkeit der Quellen, zumal da, wo eine größere Zahl von Vorlagen und für jeden Abschnitt wieder neue benutzt sind, oder gar, wo die benutzten Vorlagen — ein häufiger Fall — uns nicht erhalten sind. Denn in den seltensten Fällen ist die Quelle angegeben. Aber durch alle Jahrhunderte hindurch kommt doch in großem Umfange glücklicherweise weitgehende wörtliche Entlehnung vor.

Die Richtigkeit der quellenkritischen Methode wurde auf das glänzendste bewiesen, als die von W. Giesebrecht auf Grund der in anderen Annalen nachgewiesenen Ableitungen 1841 rekonstruierten Annalen von Niederaltaich,[5]) eine wichtige Quellenschrift des 11. Jahrhunderts, durch die Wiederauffindung einer auf Aventin zurückgehenden Abschrift 1867 ihre volle Bestätigung fanden.

Nach diesem Vorbilde sind dann eine ganze Anzahl verlorene Quellen teils nachgewiesen, teils ganz rekonstruiert worden; ein mit Recht berühmtes Musterbeispiel bietet die Wiederherstellung der Annales Patherbrunnenses aus dem 12. Jahrhundert durch P. Scheffer-Boichorst 1870.[6])

Vom Standpunkt der Quellenkunde ist zu bemerken, daß ein sehr großer, oft der weitaus größere Teil des einzelnen Werkes ohne eigenen Quellenwert ist, nicht nur diejenigen Partien, die die ersten Berichterstatter über frühere Zeiten aus anderen Aufzeichnungen abgeschrieben haben. Diese Abschnitte haben wohl gelegentlich für uns auch Quellenwert, aber doch nur da, wo uns die Vorlagen nicht erhalten sind; sie sind darüber hinaus auch mehr oder weniger für die Ermittlung der Quellenzusammenhänge und die Arbeitsweise der Verfasser nicht ohne Bedeutung. Doch auch innerhalb der späteren Abschnitte vieler Annalen sind bald kürzere, bald längere Stücke ohne eigenen Quellenwert, soweit nicht auch in diesen Teilen — wie das z. B. namentlich in Annalenwerken des 12. Jahrhunderts für Abschnitte des 11. Jahrhunderts öfter der Fall ist — Nachrichten enthalten sind, die uns in ihrer ursprünglichen Form oder in älteren Ableitungen

5) Annales Altahenses, s. Qk. II.
6) Über die Paderborner Annalen s. Qk. II.

verloren sind. Diese zunächst auffallende Erscheinung wechselnden Quellenwertes der einzelnen Annalenabschnitte findet ihre Erklärung darin, daß die längere Perioden umschließenden Annalenwerke, natürlich von mehreren, oft vielen Verfassern nacheinander herrührend, nicht fortlaufend hergestellt worden sind. Vielmehr weisen diese Annalenwerke an mehreren oder gar vielen Stellen kürzere oder längere Unterbrechungen auf, die dann, so gut es ging, in nachträglicher Kompilation ausgefüllt sind, bis — je näher man der Zeit erneuter Niederschrift kommt — selbständige Berichterstattung mehr und mehr wieder Platz greift.

Die Annalen überwiegen unter den erzählenden Quellen für die karolingische Zeit an Zahl und Bedeutung; sie gewinnen aufs neue besonderen Wert für das 11. und 12. Jahrhundert.[7]) Von den Reichsannalen der karolingischen Epoche (s. S. 104 ff.) abgesehen, sind sie fast alle in Klöstern entstanden.

Sehr mannigfach nach Art und Umfang, Wert und Zusammensetzung ist die große Reihe der *Chroniken*.[8]) Auch in ihnen prägt sich der jeweilige Stand der Geschichtsschreibung, der Einfluß von Kultur und politischer Entwicklung deutlich aus. Im allgemeinen setzt die Abfassung einer Chronik höhere Bildung und entwickeltere Verhältnisse voraus, als sie für einfache Formen der Annalistik erforderlich sind. Denn die Chronik will eine zusammenhängende Erzählung geben. Aber häufig genug bietet auch der Chronist nichts als eine mehr oder weniger geordnete Aneinanderreihung einzelner Notizen, oft von buntestem Inhalt. In der Regel in Klöstern oder an Bischofssitzen entstanden, berücksichtigen diese Chroniken vielfach in erster Linie die Geschichte ihrer Heimat (namentlich die Bistums- und Klosterchroniken), geben aber, zumal seit mit den Ottonen der hohe Stiftsklerus eine politische Rolle zu spielen beginnt, naturgemäß oft in engerem oder größerem Umfang Kunde über weitere Gebiete und die Tätigkeit der Herrscher oder sie wollen sie doch geben. Manche dieser Stiftschroniken sind abschnittsweise in größeren Zwischen-

---

[7]) In einzelnen Gebieten, z. B. in Österreich, auch für das 13. u. 14. Jahrhundert. S. O. Redlich, D. österreichische Annalistik (MIÖG 2, 1881).

[8]) Was S. 35 f. über Quellen- und Abhängigkeitsverhältnisse der Annalen gesagt ist, gilt auch für die Chroniken, Biographien usw.

räumen abgefaßt, durch Jahrhunderte hindurchgeführt (z. B. in Lüttich, Trier, St. Gallen u. a.). Andere Chroniken bieten — manchmal allerdings nur in Anläufen — Erzählungen, die das ganze Reich umfassen sollen oder gar den ganzen Umkreis der abendländischen Welt, soweit es eben dem Autor gelingt, sich Kunde zu verschaffen (Weltchronik, Chronicon universale oder mundi oder Chronicon de sex aetatibus mundi, auch wohl nur als Chronicon, Chronica bezeichnet).

Weltchroniken kannte bereits das Altertum: an die synchronistischen Studien und Tabellen der antiken Chronographen von Eratosthenes von Kyrene (Ausgang des 3. Jahrhunderts v. Chr. G.) schlossen sich die großen Darstellungen von Diodor, Trogus Pompejus und Nikolaos von Damaskus; dazu kam die jüdische Apologetik mit der Lehre von dem höchsten geschichtlichen Alter des auserwählten Volkes Gottes und den Berechnungen vom Lebensalter der Menschheit mit chiliastischen und messianischen Vorstellungen und der Einteilung in sechs „Jahrwochen" (zu 1000 Jahren) oder die vier (umgedeuteten) Weltmonarchien Danielis, als deren letzte dann das Römische Reich galt. Auf dieser Grundlage hat Eusebius von Caesarea († 340) die christliche Universalgeschichte aufgebaut, die im Abendlande durch die lateinische Übersetzung und Fortsetzung des Hieronymus († 420) verbreitet wurde und hier mit der Einteilung in sechs Weltalter (Jahrwochen oder — da die sechstausend Jahre abgelaufen waren — Lebensalter der Menschheit) durch Augustin († 430) oder in vier Weltmonarchien durch Sulpicius Severus († 425) das Schema für die mittelalterliche Weltchronik z. T. bis in die Reformationszeit (Sleidan, De quattuor summis imperiis) gebildet hat. Praktisch wurde dabei die von Eusebius angewandte Nebeneinanderstellung von biblischer bzw. kirchlicher und Profangeschichte von Bedeutung, die sich zur Schematisierung in eine chronica pontificum et imperatorum gestaltete und sich damit in der Hauptsache auf die Geschichte des Abendlandes, vor allem des Imperiums beschränkte.[9])

[9]) S. dazu C. Wachsmuth, Einleitung in das Studium der alten Geschichte 1895, allg. Teil, 1. Abschnitt IV., S. 127—202 und Gercke-Norden, Einführung in d. Altertumswissenschaft III² und nunmehr A.-D. v. den Brincken, Studien zur latein. Weltchronistik bis in d. Zeitalter Ottos v. Freising. (Diss. Münster) Düsseldorf 1957.

Diese mittelalterlichen Weltchroniken beginnen in der Regel mit der Erschaffung der Welt oder mit Adam oder auch mit Christi Geburt. Sie bieten wie für das Altertum so auch für die ihnen fernerliegenden Zeiten des Mittelalters nur dürftige annalistische Notizen ohne jeglichen Quellenwert, sofern in ihnen nicht auch für frühere Zeiten des Mittelalters vereinzelt anderweitig nicht erhaltene Angaben aufbewahrt sind. Daher sind denn auch in den neueren Ausgaben diese älteren, des Quellenwertes entbehrenden Partien gar nicht oder nur mit Auswahl (um von dem Charakter der Chronik oder der Arbeitsweise des Verfassers eine Vorstellung zu geben) abgedruckt.

Frühzeitig in der karolingischen Epoche ist eine solche uns verlorene Weltchronik bis 741 geführt worden. Andere, wie die von Frechulf von Lisieux[10]) und Ado von Vienne[11]) und, am Schlusse jenes Zeitalters, die des Abtes Regino von Prüm (s. S. 123), sind doch auch im wesentlichen nur annalistische Aneinanderreihungen.

Es ist charakteristisch, daß aus der sächsischen Periode eine Weltchronik überhaupt nicht stammt; ein untrügliches Zeichen für die Verengerung des geschichtlichen Gesichtskreises. Aber aufs neue lebt diese Art der Geschichtsschreibung auf seit den Tagen Konrads II. (Hermann von Reichenau s. Qk. II), des Investiturstreites (z. B. Sigebert, Frutolf-Ekkehard s. Qk. II), um dann in der Chronik des Bischofs Otto von Freising (s. Qk. II) ihren Höhepunkt zu erreichen und im 13. Jahrhundert in große, zum Teil ganz gewaltige Kompilationen auszuarten (z. B. Alberich von Trois Fontaines, Matthäus Paris, Vinzenz von Beauvais usw.),[12]) bis weiterhin die praktischen Lehrbedürfnisse der Bettelorden die an historischem Gehalt infolge von Unkenntnis und legendarischer Entstellung meist wertlosen, kurzen Schulkompendien in der zweiten Hälfte des 13. Jahrhunderts schaffen. — Aus ihnen haben bis zu den Tagen neuen geistigen Erwachens die nächsten Jahrhunderte überwiegend ihre Kenntnis der Vergangenheit geschöpft: aus der Chronik des Domini-

[10]) Frechulf, Bischof von Lisieux († 852/3); seine Chronik enthält die Geschichte des Altertums und der christlichen Zeit bis auf die Reichsgründung der Franken in Gallien, der Langobarden in Italien und die Leitung der Kirche durch Gregor d. Gr., durch selbständige Auffassung und Darstellung literarisch und historiographisch beachtenswert.

[11]) Auch die Weltchronik des Erzbischofs (859—874) Ado von Vienne, bis zum Ausgang des Papstes Nicolaus I. (867) reichend, hat nur literarischen Wert, sie kommt als selbständige Quelle nicht in Betracht.

[12]) Über alle diese Werke s. Qk. II.

kaners Martinus Polonus († 1277) und den franziskanischen Flores temporum.[13])

Für die Zusammensetzung und den Quellenwert dieser Chroniken gilt, was bereits bei den Annalenwerken gesagt ist. Sie alle bieten uns für die ihrer Abfassung näherstehenden Zeitalter die Auffassung, die man sich jeweils von der Vergangenheit machte, und fast ausnahmslos nur für die Zeitgeschichte ihrer Verfasser, oder wo sie gelegentlich auf verlorenen Quellen beruhen, haben sie eigenen, natürlich sehr unterschiedlichen Quellenwert.

Zu den willkommensten Quellen gehören zweifellos diejenigen, die von dem Leben und Wirken bedeutender und einflußreicher Persönlichkeiten erzählen wollen, deren Art und Handeln uns aus gelegentlichen Erwähnungen oder gar Akten, insbesondere bei dem allgemeinen Charakter der mittelalterlichen Überlieferung, schwer oder unmöglich zu erkennen ist. Nun haben wir freilich aus jenen Jahrhunderten *Vitae* (Lebensbeschreibungen) in sehr großer Zahl, auch aus dem Bereiche deutscher Geschichte. Aber es fehlt zumeist der Sinn für eine wirkliche Schilderung der Persönlichkeit: eine Charakterisierung wie die des Erzbischofs Adalbert bei Adam von Bremen (Qk. II) ist Ausnahme. Vielmehr sind diese Vitae nur in den seltensten Fällen den großen Gestalten der Laienwelt gewidmet, sondern in der Regel solchen Männern, die als Vertreter oder Vorkämpfer kirchlichen Lebens dem Biographen denkwürdig erschienen sind. Lebensbeschreibungen wie die Karls des Großen von Einhard (S. 108), diejenige Konrads II. von Wipo (s. Qk. II) und die Vita Heinrici IV. (s. Qk. II) sind Ausnahmen; im übrigen pflegen sich persönliche Verherrlichungen der Herrscher auf einzelne bemerkenswerte Abschnitte im Leben ihrer Helden zu beschränken.

Zu dem Charakter der mittelalterlichen Geistesrichtung und Kultur paßt es, daß von Selbstschilderungen der geschichtlich handelnden Persönlichkeiten, von *Autobiographien* im eigentlichen Sinne oder auch von der Aufzeich-

[13]) Nur einige ihrer Fortsetzungen im 14. u. 15. Jh. haben hie und da einigen Quellenwert.

nung von Denkwürdigkeiten zur eigenen Lebensgeschichte, von *Memoiren* keine Rede sein kann.[14]) Die Schilderung, die Karl IV. über die Zeit bis zu seiner Thronbesteigung verfaßt hat (s. Qk. III), zeigt uns ebenso wie die z. T. memoirenartige Form der städtischen Geschichtsschreibung an, daß eine neue Zeit im Anbruch begriffen ist.

Ganz überwiegend sind kirchliche Persönlichkeiten Gegenstand biographischer Behandlung geworden: es ist zunächst die umfangreiche Literatur der *Heiligenleben*, die zum großen Teil — namentlich die Fülle der Vitae heiliger Männer und Frauen aus merowingischer Zeit (s. S. 96f.) — doch nur einen geringen historischen und für die Forschung verwertbaren Kern enthalten.

In den letzten Jahrzehnten hat man begonnen, mit den fortgeschrittenen Mitteln der Methode auch diese überaus schwierige Materie der *Hagiographie* durch eindringendste Kritik, die Betrachtung der typischen Elemente und die mühsame Herausschälung konkreter Tatsachen für die historische Wissenschaft nutzbar zu machen. Daß es dabei ohne Kontroversen im einzelnen und allgemeiner Art nicht abgeht, ist begreiflich. Daß bereits nicht zu verachtende Ergebnisse erzielt sind, ist unbestreitbar.[15])

In karolingischer Zeit tritt — sehr bezeichnend — diese Gattung an Zahl und Bedeutung stark zurück. Dann aber beginnt mit den Ottonen die wachsende Bedeutung der kirchlichen Großen. Bischöfe und Äbte werden mächtige Gebieter, treten in die Reihe der Reichsfürsten ein und spielen als politische Ratgeber und handelnde Staatsmänner in steigendem Maße eine höchst maßgebende Rolle. Daher sind ihre *Lebensbeschreibungen* als historische Quelle wertvoll, obschon dem darstellenden Mönche die kirchliche Wirksamkeit, der heilige Lebenswandel mehr oder weniger im Vordergrunde der Schilderung stehen. Oft genug ist

---

[14]) G. Misch, Geschichte der Autobiographie 2. Bd.: Das Ma. Teil 1: Die Frühzeit. 1955.

[15]) S. bes. H. Delehaye, Les légendes hagiographiques, 4e éd. 1955; deutsch v. Stückelberg 1907 u. H. Günter, Legendenstudien 1907 u. Psychologie d. Legende 1949; vor allem aber die zumeist im NA erschienenen quellenkritischen Untersuchungen und kritischen Notizen von Br. Krusch u. W. Levison; H. Günter, Hagiographie u. Wissenschaft HJb. 62—69, 1949; R. Agrain, L'Hagiographie. Ges sources, ses méthodes, son histoire. Paris 1953. S. auch S. 96.

diese Seite in späteren Überarbeitungen, namentlich seit dem 12. Jahrhundert, so sehr ins Legendenhafte und Wunderbare gesteigert, daß viele historisch wichtige Tatsachen ausgemerzt oder völlig entstellt erscheinen. Und gerade diejenigen kirchlichen Persönlichkeiten, die am stärksten in die geschichtliche Entwicklung eingegriffen haben, wie z. B. Willigis oder Anno, Rainald von Dassel oder Christian von Mainz, haben ebenso wie z. B. Gregor VII. gar keine oder völlig unzureichende Behandlung ihres Wirkens gefunden.

Einen Höhepunkt dieser Quellengattung bezeichnet wohl der Anfang des 11. Jahrhundert, z. B. die Vita des Bischofs Bernward von Hildesheim (s. Qk. II).

Neben der erzählenden Überlieferung steht unentbehrlich und in seiner Bedeutung stets wachsend das gesamte Material, das, *urkundlichen* Charakters, uns einen unmittelbaren schriftlichen Niederschlag der Entwicklung und Vorgänge vergangner Zeiten darbietet. Der Wert dieser Materialien für unsere Wissenschaft ist im Laufe der letzten Jahrzehnte außerordentlich gestiegen, und er wird noch weiter steigen: einmal durch die ungemeine Entwicklung der methodischen Verwertung, zunächst auf dem Gebiete der eigentlichen Urkundenforschung, der Diplomatik, neuerdings auch in bezug auf die Briefliteratur, und sodann dadurch, daß immer mehr seither die jahrhundertelang in Bibliotheken und Archiven ruhenden Schätze durch systematische Arbeit hervorgezogen und durch wissenschaftliche Veröffentlichung erschlossen und für die Forschung nutzbar gemacht werden.

Niemals freilich werden diese Quellengattungen, selbst nur höchst lückenhaft erhalten, für das Mittelalter in dem Ausmaß, wie das für die Zeiten seit dem 15. Jahrhundert in zunehmendem Umfange der Fall ist, die Unterlage historischer Darstellungen bieten können. Wohl aber ergänzen sie nicht nur die oft so unzulängliche historiographische Überlieferung, sondern sie allein erschließen uns auch das Verständnis für wichtige Seiten geschichtlicher Entwicklung, die den mittelalterlichen Berichterstattern völlig fernlagen: für die Erkenntnis einzelner Persönlichkeiten selbst — vornehmlich in den Briefen und in den schriftlichen Zeugnissen ihrer Tätigkeit im Staats- und Wirtschaftsleben —, für ihre Gedankenwelt, ihre Absichten und Entschlüsse und die Mittel, deren sie sich zu deren Durchsetzung bedienen, und für die wirtschaftlichen, rechtlichen und sozialen Zustände, deren Wandlungen und Umwälzungen und deren Bedeutung durch die Jahrhunderte hindurch.

Unter diesen Materialien stehen die *Briefe* natürlich vielfach der referierenden Überlieferung nahe: soweit sie über Ereignisse berichten und diese in einer bestimmten Auffassung erscheinen lassen. Sie bilden aber zugleich — in überwiegender Mehrheit wenigstens —, sobald sie historisch wichtigen Inhalt bieten, durch den Ausdruck der Ansichten des Schreibers und die damit beabsichtigte oder erzielte Wirkung wiederum ein Moment der historischen Entwicklung selbst dar.

Leider ist der Umfang der aus dem Mittelalter erhaltenen Korrespondenzen gering, selbst im Vergleich zu dem naturgemäß — da doch für die früheren Jahrhunderte im wesentlichen nur der Klerus des Schreibens kundig ist und davon Gebrauch macht — in engen Grenzen sich haltenden Briefwechsel. Und sehr ungleich ist die Verteilung auf die einzelnen Epochen.

Wichtig für ihre Verwertung ist auch die Art der Überlieferung der Briefe. Zum Teil sind sie in unsere Quellen, besonders die erzählenden, eingerückt, s. z. B. Bruno (Qk. II), oder sie sind in die Codices an leeren Stellen zwischengesetzt; ein nicht geringer und wichtiger Teil ist uns handschriftlich in Zusammenstellungen erhalten, die man als *Briefsammlungen* bezeichnet.

Die Briefe haben natürlich die Namen des Absenders und Empfängers enthalten. Aber meist fehlt ihnen Datierung und Ortsangabe. Doch ermöglicht oder erleichtert die Stelle der Einreihung in den Text des Werkes oder nähere Angabe über die Veranlassung die für die Verwertung unentbehrliche chronologische Fixierung.

Ungleich schwieriger liegt diese Frage für die in den Briefsammlungen überlieferten Stücke. Denn hier fehlen fast ausnahmslos auch die Namen von Absender und Empfänger. Sie sind wohl durch Anfangsbuchstaben oder Ausdrücke angedeutet, die im einzelnen meist nicht leicht zu deuten sind, um so mehr, da der Inhalt sich recht oft absichtlich verschleiernder Wendungen bedient.

Da tritt zunächst die Frage nach der *Überlieferung* der Briefe für Kritik, Deutung und Verwertung in den Vordergrund. Es ist das große Verdienst von Bernhard Schmeidler,[16]) auf die Notwendigkeit der Untersuchung und Feststellung der Überlieferung des Briefmaterials, speziell in diesen Sammlungen, aufmerksam gemacht zu haben und selbst an die Lösung wichtiger Einzelprobleme herangegangen zu sein.[17]) Dabei handelt es sich auch, als Mittel der Kritik, um die Feststellung des Schreibers, will sagen des Verfassers der Briefe, des *Dictators,* der in vielen Fällen nicht identisch ist mit dem Absender. Wie dann natürlich die Briefe der Fürsten oder Dynasten, der weltlichen aber auch oft der geistlichen, nicht von ihnen selbst textlich verfaßt sind, so wenig wie die eigentlichen Urkunden.

Ebenso wie diese sind die Briefe entstanden in den Schreibstuben — wir sagen gemeinhin Kanzleien —, ohne daß wir bis ins 12., ja z. T. 13. Jahrhundert uns darunter fest organisierte Behörden vorstellen dürfen. Diese Schreibstuben sind an den Stellen aufgekommen, wo die Pflege sprachlicher Unterweisung und wissenschaftlicher Bildung ihren Sitz hatte, im Zusammenhange mit den Schulen an den kirchlichen Stiften, Bistümern und Klöstern — unter der Leitung der auch als Briefschreiber besonders beteiligten Schulvorsteher (Scholastere). Eine wichtige Rolle als Diktatoren fiel natürlich auch den an den Regierungsgeschäften beteiligten Geistlichen am Hofe (Notaren bzw. dem Kanzler) zu.

Schmeidler war von dem Grundgedanken ausgegangen, daß den auf uns gekommenen Sammlungen von Briefen von den Schreibern der Briefe (oder wohl von deren Beauftragten) laufend geführte Briefbücher zugrunde gelegen haben und daß diese Sammlungen — zum Teil wenigstens — von einem und demselben Verfasser herrühren.[18])

---

[16]) Über Briefsammlungen des früheren Mittelalters in Deutschland und ihre kritische Verwertung: Årsbok Vetenskap-Societet i. Lund 1926.

[17]) Vor allem in: Kaiser Heinrich IV. und seine Helfer im Investiturstreit 1928. Seine Aufstellungen im einzelnen haben, von der Kritik lebhaft umstritten, natürlich mancherlei Anzweiflungen und Richtigstellungen erfahren.

[18]) Schmeidler versteht unter Briefbüchern eine durch fortlaufende Führung vom Verfasser selbst, auch im Auftrag des Auftraggebers, hergestellte und deswegen chronologisch geordnete Primärsammlung, die uns in ihrer ursprünglichen Gestalt oder auch in redaktionell bearbeiteter Form vorliegen kann.

Zur Feststellung des Verfassers dient in erster Linie das Mittel der Stilvergleichung, um deren Entwicklung sich in den letzten zwei Jahrzehnten eine reiche Literatur bemüht.

Was aber die dazu erforderlichen Kriterien sind und wie sie anzuwenden sind, Übereinstimmung im Wortschatz, Phraseologie und Satzbau, Rhythmus, und wie dabei möglichst gesicherte Ergebnisse zu gewinnen sind, darüber haben sich sehr lebhafte Kontroversen entsponnen, an denen sich neben Schmeidler und Hellmann, Piveč und Zatschek auch eine Reihe anderer, auch jüngerer Fachgenossen, z. B. Erdmann und Bulst, beteiligen. Wobei zu betonen ist, daß in wichtigen Fragen auch die Ansichten der einzelnen Fachgenossen z. T. noch im Fluß begriffen sind.

Immerhin sind im Laufe der letzten beiden Jahrzehnte im Zusammenhang mit manchem neuen Funde und sorgfältiger vertiefter Durcharbeitung des ganzen in Betracht kommenden Quellenmaterials zweifellos wichtige, gesicherte Ergebnisse gewonnen worden. An manchen wesentlichen Punkten fehlt freilich noch die wünschenswerte Sicherheit und Übereinstimmung.

Die Entstehung der verschiedenen Sammlungen besonders des 10.—12. Jahrhunderts auf einen gemeinsamen Nenner zu bringen, wird deshalb nicht möglich sein, weil offensichtlich Anlaß und Zweck sehr verschieden gewesen sind. Es ist wohl so, daß einige ganz oder überwiegend rein literarischen Charakter tragen und als Schulsammlungen dienen sollten, andere sozusagen autobiographische Absichten verfolgen (z. B. Gerbert); auch praktische Zwecke (als Kanzleihilfen) und propagandistische Absichten sind vorhanden. Es handelt sich, jedenfalls bis in die Staufenzeit, fast ausnahmslos um echte, nicht fingierte Stücke. Wie weit sie bei Sammlung und Abschreibungen — von Abschreiberfehlern abgesehen — sich Änderungen haben gefallen lassen müssen, ist im einzelnen schwer auszumachen, wo es sich nicht um Stücke handelt, die auch anderen Orts überliefert sind. Auch ist die — soweit überhaupt — sehr verschieden zu beantwortende Frage für Kritik und Verwendung von Wichtigkeit, ob die uns vorliegenden Briefe — und das gilt für alle die viel zahlreicheren Briefe auch außerhalb der Sammlungen, soweit wir nicht die Originale besitzen — den Text nach einem Konzept oder nach der abgesandten Reinschrift zeigen.

Aus der Karolingerzeit ist natürlich weitaus am wichtigsten die Sammlung der von den Päpsten an Pippin und Karl den Großen gerichteten Schreiben, welche dieser im

Codex Carolinus (s. S. 116) hat sammeln lassen: sie sind bis 791 erhalten. Die Briefe des Bonifatius und anderer Würdenträger, fast ausnahmslos Geistlicher, namentlich Alcvins, füllen in den MG mehrere Bände. Aus der sächsischen Periode sind uns außer der umfangreichen Korrespondenz des Erzbischofs Gerbert von Reims (später Papst Silvester II.) Briefe nur einzeln erhalten. Dann beginnen, mit der Steigerung der Zahl nach überhaupt, im 11. Jahrhundert *Briefsammlungen:* so in Tegernsee (Froumund und Ellinger), in Worms (Wormser Briefsammlung), in Hildesheim (im Hannoverschen Codex), in Bamberg vor allem (Meinhard). In zunehmendem Maße enthalten sie Stücke, die für die politische Geschichte von Bedeutung sind.[19])

Reicher fließt das Material an Briefen in den Jahrzehnten des Investiturstreits. Von Heinrich IV. haben wir 42 Briefe, darunter 4 Originale. Und von seinem großen Widersacher ist die unschätzbare Sammlung von mehr als 350 Briefen erhalten: das Registrum Gregorii VII., das neuerdings als Originalregister erkannt worden ist (s. Qk. II). An den Schluß dieser Periode gehört die reiche, besonders wertvolle Sammlung des Bamberger Klerikers Udalrich (Codex Udalrici s. Qk. II), über dessen Entstehung und Charakter und Verwendung noch keine Einigkeit besteht. In die folgenden Jahrzehnte bis in die Anfänge Friedrichs I. führt der erhaltene (2.) Teil der Sammlung des einflußreichen Politikers und Abtes W i b a l d v o n S t a b l o (s. Qk. II).

Von da an mehrt sich das Quellenmaterial an Briefen in und außerhalb von Sammlungen erheblich. Es ist die Zeit, in der nun die Briefsteller, Musterbücher, auftauchen und sich mehren, die Artes dictandi, wie in Deutschland, so auch in Italien und Frankreich.

Daneben mehren sich auch Sammlungen als Mustervorlagen für Kanzleien, freilich zum guten Teil Stilübungen und fingierte Stücke, die besonderer Untersuchung bedürfen. Solcher Kanzleiformulare haben sich namentlich

---

19) Für alle diese Sammlungen s. Qk. II.

die ersten Habsburger und dann die Luxemburger, vor allem hat sich ihrer die Kanzlei Karls IV. bedient (s. Qk. III).

Den Briefen nahe stehen in der Form die *Mandate*. Inhaltlich wenden sie sich mit Verfügungen rechtsverbindlicher Kraft teils an Einzelpersonen, in der Regel jedoch an Gruppen oder an die Gesamtheit der dem Herrschaftsbereich Unterstehenden. Sie sind für die Öffentlichkeit bestimmt. Für die Quellenkritik gelten im wesentlichen dieselben Grundsätze und Regeln wie für die Briefe.

Werden *Briefe* in die Öffentlichkeit gebracht, um auf diese Weise in weiteren Kreisen in den Kämpfen des Tages eine Einwirkung auszuüben, so fallen sie in das Gebiet der *Publizistik*, der politischen Streitschriften: deren hat es in größerer Zahl in *der Zeit der kirchenpolitischen Streitigkeiten* und Kämpfe im 11. und 12. Jahrhundert (s. Qk. II), aufs neue in der Epoche des Kampfes zwischen Kaisertum und Papsttum im letzten Jahrzehnt Friedrichs II., schließlich vor allen Dingen in Begleitung der Wandlungen des erneuerten Kampfes zwischen Staat und Kirche seit dem Anfang des 14. Jahrhunderts, unter Philipp dem Schönen, Ludwig dem Bayern, in den Tagen des großen Schismas und der Konzilien gegeben.

Eine spezielle Sammlung dieser Streitschriften gibt es bisher nur für diejenigen des 11. und 12. Jahrhunderts in den Monumenta Germaniae (s. S. 76 f. u. Qk. II); für das 14. Jahrhundert ist noch jetzt als Ganzes nicht ersetzt S. Riezler, Die literarischen Widersacher der Päpste zur Zeit Ludwigs des Bayern, 1874 (hier S. 299—305 Zusammenstellung der theoretischen Literatur über das Verhältnis von Staat und Kirche von 1290 bis 1370). Seither auch: R. Scholz, Unbekannte kirchenpolitische Streitschriften aus der Zeit Ludwigs des Bayern, 2 Bde. 1911, 1914 (s. Qk. III). Mit Recht hat sich die Forschung neuerdings diesem Arbeitsfelde mehr zugewendet, wobei freilich die theologische und scholastische Gewandung, die diesen Schriftwerken größtenteils anhaftet, dem Historiker die Überwindung ungewohnter Schwierigkeiten auferlegt und eine weitgehende Vertrautheit mit der Lehre der mittelalterlichen Kirche, ihrer Gedankenwelt und Ausdrucksweise voraussetzt.

In ihrer Gesamtheit gehen die *Urkunden* (im diplomatischen Sinne) als historische Quelle an Wichtigkeit über die Briefe hinaus.

Unter *Urkunden* verstehen wir dabei „schriftliche, unter Beobachtung bestimmter, wenn auch nach der Verschiedenheit von Person, Ort, Zeit und Sache wechselnder Formen aufgezeichnete Erklärungen, welche bestimmt sind, als Zeugnisse über Vorgänge rechtlicher Natur zu dienen".[20]) Doch haben auch Erlasse und Verfügungen verschiedensten Inhalts von Herrschern und Obrigkeiten sich vielfach der Form der Urkunde bedient.

Für den Historiker ist in erster Linie der Inhalt dieser Urkunden von Wichtigkeit: die in ihnen getroffenen Verfügungen, die aus ihnen zu entnehmenden politischen, wirtschaftlichen, rechtlichen und sozialen Zustände, dazu die Kenntnisnahme von konkreten Vorgängen und die handelnde Teilnahme oder die Namhaftmachung einzelner Persönlichkeiten. Die methodische Verwertung dieser Quellengruppe ist erst verhältnismäßig jungen Datums und hat zu einer großen Erweiterung und außerordentlichen Vertiefung unseres Verständnisses für mittelalterliche Entwicklung geführt.

In den Anfängen wissenschaftlicher Geschichtsbetrachtung seit den Tagen des Humanismus hat man diese Urkunden wenig beachtet oder ohne genügende Kritik benutzt. Nun sind aber gerade auf diesem Gebiete bereits im Mittelalter massenhaft Fälschungen hergestellt worden, zu verschiedenen Zwecken, namentlich um sich unrechtmäßige

---

20) H. Bresslau, Handbuch der Urkundenlehre I, 3. A. 1958, S. 1; II, 1 3. A. 1958; II, 2 (von H.-W. Klewitz besorgt) 2. A. 1958. Kürzere Zusammenfassungen in A. Meister, Grundriß der Geschichtswissenschaft I: Diplomatik von R. Thommen (Königs- und Kaiserurkunden), 2. A.; L. Schmitz-Kallenberg (Papsturkunden) 2. A.; H. Steinacker (Privaturkunden) u. R. Heuberger, Allg. Urkundenlehre für Deutschland u. Italien, 1921. Ferner in v. Below-Meinecke, Handbuch der mittleren und neueren Geschichte: Urkundenlehre I. Einleitung [Geschichtlicher Überblick. Allgemeine Begriffe und Grundlagen] von O. Redlich; Die Kaiser- u. Königsurkunden des Mittelalters in Deutschland, Frankreich u. Italien von W. Erben 1909. II. Papsturkunden fehlt. III. Die Privaturkunden des Mittelalters v. O. Redlich, 1911. — Urkunden u. Siegel f. d. akad. Gebrauch herausg. v. G. Seeliger (II. Papsturkunden ed. Brackmann; III. Privaturkunden ed. O. Redlich u. L. Groß), 1914. H. Förster, Urkundenlehre in Abbildungen, Bern 1951.

Vorteile an Rechten und Besitz zu verschaffen. Diese Fälschungen, durch gefälschte oder auch echte Bestätigungen vermehrt,[21]) wurden trotz mancher strengen Kanzleiweisungen von den ungenügend orientierten Beamten nicht erkannt und auch von der Wissenschaft mit wenigen Ausnahmen (z. B. Petrarca: „Der österreichische Freiheitsbrief" [privilegium maius];[22]) Lorenzo Valla: Konstantinische Schenkung 1440)[23]) kritiklos und gläubig hingenommen.

Erst in dem Streit der Stadt Lindau um ihre Reichsfreiheit gegenüber dem Frauenstift hat Hermann Conring, der Begründer der deutschen Rechtsgeschichte (1606—1681), die methodischen Grundsätze festgestellt, auf denen seither die wissenschaftliche Kritik der Urkunden beruht. Die erste noch heute grundlegende Ausbildung der wissenschaftlichen Methode erfolgte unabhängig davon in Frankreich durch den Benediktiner Dom Jean Mabillon von St-Germain-des-Prés:[24]) De re diplomatica libri VI, 1681. Dann hat erst im 19. Jahrhundert die wissenschaftliche Urkundenkritik eine außerordentliche Entwicklung erfahren, mehr noch als in Frankreich (Ecole des chartes) durch die Arbeiten reichsdeutscher und österreichischer Forscher: Th. Sickel, J. Ficker, Bresslau, Mühlbacher, Kehr, Tangl, O. Redlich, Brandi, Bloch, v. Heckel, E. Stengel und eine wachsende Zahl ihrer Schüler u. a. H. Hirsch, Piveč, Zatschek, Santifaller (österreichische Schule), Walther Holtzmann, Erdmann, v. Gladiss, Klewitz, Jordan, Bulst, Schieffer. Dadurch ist weitgehende und vielseitige Ausnutzung der Urkunden als historische Quelle möglich geworden.

Die Urkundenlehre *(Diplomatik)* ist heute die wichtigste und unentbehrlichste, selbständig gewordene Hilfsdisziplin für jede wissenschaftliche Arbeit auf dem Gebiete des Mittelalters.

Für die diplomatische Kritik — zu deren sicherer Handhabung eine möglichst umfassende Heranziehung alles zur

[21]) Es gibt eine nicht unbeträchtliche Zahl ganzer Reihen von Fälschungen, z. B. für das Bistum Osnabrück, für St. Maximin bei Trier, für Reinhardsbrunn, Bremen u. a. m. Siehe Bresslau I³ Kap. 2. Ein wünschenswertes kritisches Verzeichnis der ganz oder zum Teil gefälschten Urkunden fehlt.

[22]) S. Qk. II u. Bernheim, Lehrbuch d. hist. Methode 5. u. 6. Aufl. S. 340 ff.

[23]) Zuerst veröffentlicht von Ulrich von Hutten 1517.

[24]) Abtei in Paris.

Vergleichung geeigneten Materials unerläßlich ist — und für die historische Verwertung der in alten und neuen Ausgaben zersplitterten Urkunden ist eine exakte Verzeichnung derselben notwendige Voraussetzung. Diese Aufgaben leisten die *Regesten.*

Unter einem Regest versteht man eine möglichst knappe, aber doch erschöpfende Angabe alles dessen, was von einer Urkunde für die diplomatische Kritik, was aber auch für ihre historische Verwertung von Bedeutung ist. Es gehört infolgedessen dazu nicht nur eine präzise Angabe des Inhalts, sondern auch die genaue Verzeichnung von Orts- und Zeitangabe, Unterfertigung, Besiegelung und anderen Kanzleivermerken, Namen der Zeugen usw. Außerdem aber alle Angaben über Überlieferung,[25]) Echtheit oder Unechtheit der einzelnen Urkunden, womöglich auch ein Verweis auf die damit sich beschäftigende Literatur.

Solche Regesten sind zuerst von Georgisch im 18. Jahrhundert hergestellt, seit Mitte des 19. Jahrhunderts aber in weit vollkommenerer Form im Anschluß an die von J. F. Böhmer unternommenen Verzeichnisse der Kaiserurkunden (s. S. 85 f.).

Die wissenschaftliche Benutzung der Urkunden — und infolgedessen auch die methodische Beschäftigung, das diplomatische Studium, beschränkten sich lange Zeit vornehmlich auf die am leichtesten erreichbaren, in bedeutender Zahl in Originalen erhaltenen, durch ihren Inhalt Beachtung heischenden Urkunden der Herrscher: unserer Könige und Kaiser; daneben auf die aus der päpstlichen Kanzlei hervorgegangenen Urkunden. An diesem Material vornehmlich wurden zunächst die diplomatischen Kriterien und Regeln gewonnen.

Zusammenstellungen von Vorlagen zur Abfassung von Urkunden *(Formel-* oder besser *Formularsammlungen)*[26]) hat es in Anknüpfung an römische Muster schon in merowingischer und karolingischer Zeit gegeben (s. die wichtigsten S. 116). Es sind teils amtliche oder doch in der könig-

[25]) Dazu gehören auch die Angaben über die Drucke der Urkunden und deren Unterlage und evtl. ihre Abhängigkeit voneinander.

[26]) Unter *Formularen* verstehen wir alle diejenigen Aufzeichnungen, die ohne selbst Urkunde zu sein, d. h. ohne einen rechtlichen Wert zu beanspruchen, als Muster für die Abfassung von Urkunden zu dienen bestimmt sind, gleichgültig ob frei erfunden oder aus einer Urkunde entlehnt.

lichen Kanzlei gebrauchte Zusammenstellungen, teils solche privaten Ursprungs und für private Rechtsgeschäfte verwendete Sammlungen von Musterbeispielen zur Abfassung von Urkunden verschiedensten, häufiger vorkommenden Inhalts.

In der päpstlichen Kanzlei und in der Kanzlei der deutschen Könige und römischen Kaiser hat es sicherlich Muster und Vorlagen gegeben, deren sich die Beamten zur Verfertigung der Urkunden bedienten.

Doch sind solche Sammlungen vor der staufischen Zeit nicht auf uns gekommen.

Ob der Codex Udalrici (s. Qk. II) in den Anfängen der Zeit Friedrichs I. als Vorlage für die Abfassung von Schriftstücken benutzt ist, das ist neuerdings umstritten.

Nach dem Interregnum sind zunächst in den Habsburgischen Kanzleien wichtige Formelsammlungen entstanden und ebenso unter den Luxemburgern, besonders unter Karl IV. und Wenzel.[27])

Die bis vor kurzem übliche, wenn auch bereits nicht unangefochtene Anschauung, daß das älteste erhaltene kuriale Formelbuch, der sogenannte *Liber Diurnus*,[28]) jahrhundertelang das täglich in der päpstlichen Kanzlei für Urkundenherstellung gebrauchte Musterbuch gewesen sei,[29]) muß aufgegeben werden, seit L. Santifaller (MÖIG 49, 1935 und HZ 161, 1940) gegen W. Peitz[30]) an der Hand eines Vergleichs mit den von der Kurie ausgegangenen Urkunden nachgewiesen hat, daß „der uns heute überlieferte Liber Diurnus vom Beginn des 9. bis Ende des 11. Jahrhunderts nicht das wirklich verwendete Kanzleibuch der päpstlichen Kanzlei gebildet haben kann und daß es auch höchst unwahrscheinlich ist, daß er vom Ende des 6. bis zum Beginn des 9. Jahrhunderts diese Funktion besessen hat.“ Nach Mohlberg[31]), dem sich Santifaller[32]) anschloß, sollte es sogar eine kanonistische Sammlung sein. Vgl. nunmehr zu dem ganzen Problem die Einleitung in der Ausgabe von H. Foerster.

---

[27]) S. dafür Qk. III.

[28]) Ed. Th. v. Sickel, Liber diurnus Pontificum Romanorum 1889 u. die neue Gesamtausgabe v. H. Foerster, 1958.

[29]) S. H. Bresslau, Handbuch der Urkundenlehre I^3 241—247.

[30]) SB d. Wiener Akad. phil.-hist. Kl. 1918 u. Bulletin of the International Committee of Historical Sciences 10, 1938, S. 194.

[31]) Theolog. Revue 38. 1939.

[32]) HZ 161, 532—539 (1940): Zur Liber Diurnusforschung.

Daneben entstanden ähnliche Sammlungen von Briefvorlagen teils aus echten, teils aber — und manchmal sind es gerade die politisch interessanten Stücke — erdichteten Bestandteilen zusammengesetzt. Sie sind zum Teil mit theoretischen Erörterungen nach dem von Italien übernommenen Vorbilde verbunden, und es entwickelt sich eine reiche Literatur von *Stilübungen* und *Briefstellern,* die dann wieder unter italienischem Einfluß seit dem 13. Jahrhundert zu umfassenden Lehrbüchern des Urkunden- und Briefwesens werden: zuerst in der summa prosarum dictaminis aus Magdeburg vor 1240. Darauf beruht die Summa dictaminum von Magister Ludolf von Hildesheim und auf ihr im Anfang des 14. Jahrhunderts der Formularius de modo prosandi aus dem Zisterzienserkloster Baumgartenberg bei Linz, das vollständige und bedeutendste theoretisch-praktische Formularbuch des Mittelalters.[33]) Aber schon unter Friedrich II. ward auch in der Reichskanzlei eine große Mustersammlung von Urkunden und Briefen angelegt, die unter dem Namen von Friedrichs Kanzler Petrus de Vinea geht (Qk. II), während unter Heinrich VII. und Ludwig dem Bayern außer einigen Formularen eigentliche Formularsammlungen in der Kanzlei nicht bestanden zu haben scheinen.

Von vereinzelten Ausnahmen (z. B. Leibniz für das Welfenhaus und daneben in einzelnen geistlichen Stiftern) abgesehen, ist die bewußte und systematische Sammlung und dann nachfolgend die Untersuchung und Nutzbarmachung der übrigen Urkundengruppen, die wir zusammenfassend als *Privaturkunden* bezeichnen, erst seit der Mitte des 19. Jahrhunderts in Angriff genommen.

Die Zusammenfassung aller nicht „von den höchsten Autoritäten" ausgehenden Urkunden als „Privaturkunden" ist nur ein Notbehelf (so mit Recht Redlich I, 20), denn die Bezeichnung ist sachlich nicht zutreffend. Der rechtliche Unterschied zwischen der Königsurkunde und der Privaturkunde liegt im Beweiswert; für die praktische Geltung und Verwertung in unserer Wissenschaft sind aber Form, Herkunft und Inhalt der Urkunden sehr

---

33) Die Summa de arte prosandi des Zürcher Magisters Konrad von Mure entbehrt einer Mustersammlung.

viel wesentlicher. Danach sind außer den Königs-(und Papst-) urkunden zwei Gruppen zu unterscheiden.

Einmal diejenigen Urkunden, welche von den weltlichen und geistlichen Großen — den *Fürsten* — ausgestellt werden auf Grund der öffentlich-rechtlichen Funktionen, die ihnen mehr und mehr zuteil werden. Mit dem Anwachsen ihrer politischen Stellung und Bedeutung entwickelt sich bei ihnen Verwaltung und Geschäftsführung nach dem Beispiel des Königshofes; die von ihnen ausgestellten Urkunden entwickeln sich nach Form und Inhalt immer mehr nach jenem Vorbild. Die *Bischofs- und Fürstenurkunden,* bald auch ein Teil der von den städtischen Behörden ausgehenden Urkunden, treten den Königsurkunden als wichtige Geschichtsquellen nach Zahl und Bedeutung seit dem 11., besonders aber seit dem 12. und 13. Jahrhundert zur Seite.

Zweitens die *Privaturkunden im engeren Sinne:* die in sehr viel einfacheren Formen gehaltenen Aufzeichnungen des wirtschaftlichen Geschäftslebens und der freiwilligen Gerichtsbarkeit.

Wir besitzen heute, vor allen Dingen in Originalen, nur einen Bruchteil derjenigen Urkunden, die einst ausgestellt worden sind. Gewiß sind auch im Laufe der letzten Jahrhunderte noch manche erhebliche Verluste zu verzeichnen, wofür dann häufig ältere Drucke, für den Historiker mehr als für den Diplomatiker, einigermaßen Ersatz bieten. Aber weitaus die zahlreichsten Verluste gehören den früheren Jahrhunderten, dem Mittelalter selbst, an und um so mehr im Verhältnis, je weiter wir zeitlich zurückgehen. Das liegt an der ungenügenden Aufbewahrung.

Wie groß der Verlust von Urkunden der verschiedenen Art ist, das können wir natürlich zahlenmäßig auch nicht annähernd feststellen. Von den erhaltenen Urkunden ist der Teil, der auf die Originale fällt, auch bei den Königsurkunden zunächst gering, nimmt dann aber schon in rasch steigendem Maße zu.[34]) Originale aus der päpstlichen Kanzlei vor der fränkischen Zeit gibt es nicht. Die ältesten erhaltenen Originale der Merowinger stammen aus der ersten Hälfte des 7. Jahrhunderts. Originale von Privaturkunden aus dem früheren Mittelalter sind aus der fränkischen Zeit im Westreich in geringer Zahl erhalten, im Gebiete des Deutschen Reichs fast nur in St. Gallen: hier allerdings befindet sich ein kostbarer, reicher Bestand, der mit der

[34]) Ein Verzeichnis der in den preußischen Staatsarchiven vorhandenen Königsurkunden hat R. Lüdicke zusammengestellt (Mitt. aus den K. Preuß. Staatsarchiven 17, 1911. Nachträge in B. 20, 1912).

Mitte des 8. Jahrhunderts einsetzt.[35]) Alles übrige ist in Abschriftensammlungen auf uns gekommen, die als Formelbücher, Kartulare, Kopialbücher und Traditionsbücher bezeichnet werden.

Der Bedeutung einer sorgfältigen Aufbewahrung und Erhaltung der Originale war man sich, insbesondere bei den Königsurkunden der Beweiskraft wegen, auf seiten der Empfänger wohl bewußt. Häufig sind daher auch beglaubigte Abschriften hergestellt worden. Aber nur zum Teil haben sie sich an mancherlei Orten erhalten bis auf die Zeiten, in denen in den Archiven (s. S. 57) sich geordnete Aufbewahrungsstellen entwickelten. Den Laien galten insbesondere Kirchen und Kapellen wegen der Heiligkeit der Stätte als beste Aufbewahrungsorte ihrer urkundlich verbrieften Besitzrechte; namentlich den Dienstmannen einer Kirche mußte diese zu solchem Zwecke dienen.

Außerdem aber haben die Empfänger, wenn sie nach und nach in den Besitz einer größeren Zahl von Schenkungen und Privilegien gekommen waren, diese häufiger in Buchform (oder auch in Rollen — rotuli —) abschriftlich zusammengefaßt. Man spricht dann im allgemeinen von *Kopialbüchern* oder *Kartularien.* Derartige Sammelbände von Urkundenabschriften gab es namentlich in den Stiftern und Klöstern im Frankenreiche und dann im Deutschen Reiche von jeher, und man hat sie später besonders auch in den städtischen Kanzleien, wohl auch unter mancherlei besonderen Aufschriften, durch alle folgenden Jahrhunderte fortgeführt. So hatte man die Gesamtheit von Schenkungen und Privilegien aller Art bequem beisammen. Nicht selten wurden auch neue Abschriftenbände im Laufe der Zeit für frühere Bestände angelegt, so daß manche Urkunde in mehreren, zeitlich evtl. weit auseinanderliegenden Abschriften vorhanden ist.

Auf diese Weise ist uns natürlich eine sehr große Zahl von Urkunden aus allen, besonders aus den älteren Epochen unserer Geschichte erhalten, deren Originale verlorengegangen sind. Aber darüber hinaus werden diese Abschriften zu Quellen auch da, wo etwa die erhaltene Urkunde durch die Verwitterung oder

---

35) Wartmann, Urkundenbuch von St. Gallen, B. 1 u. 2; Reproduktionen bei Arndt-Tangl, Schrifttafeln III², 11, 12, 14, 16, 17 (DW 526); Chroust, Monumenta palaeographica Serie I, Lief. 14, 15 (ebenda).
In der Mitte des 8. Jahrh. besaß man in St. Gallen ca. 800, in Freising ca. 700 Urkunden.

Beschädigungen in größeren oder kleineren Partien unleserlich oder unlesbar geworden ist.[36])

Eine besondere Kategorie dieser Abschriftensammlungen stellen die sogenannten *Traditionsbücher, codices traditionum* dar. Unter dieser Bezeichnung begriff man die Abschriften der Schenkungen, Auftragungen, Tauschverträge und sonstigen Rechtsgeschäfte von und mit Privatpersonen. Diese Traditionsbücher sind also Kopialbücher wesentlich der Privaturkunden, soweit diese eben darin abgeschrieben wurden: solcher Art war ja der weitaus größte Teil des Urkundenbestandes namentlich der Klöster und Stifter. Die Bedeutung dieser Sammlungen beruhte darin, daß sie zur rechtlichen Sicherung von Rechten und Besitz verwendet werden konnten, da im Rechtsstreit die originale Privaturkunde keine Beweiskraft hatte, sondern nur die Zeugenaussage.

Die ältesten nachweisbaren Traditionsbücher[37]) — vielfach als *Cartulare, Cartularia* bezeichnet — im Bereiche deutscher Geschichte gehören noch der ersten Hälfte des 9. Jahrhundert an:[38]) außer Fulda (von Hrabanus Maurus, s. S. 119, veranlaßt) zunächst und dann auch weiterhin überwiegend im Gebiet des bairischen Rechts und des südostdeutschen Kolonialgebiets.[39]) Hier vollzieht sich im 10. Jahrhundert die Wandlung, daß vielfach die schriftliche Aufzeichnung des Traditionsakts unmittelbar in das Traditionsbuch erfolgt, das alsdann nicht mehr Abschriften, sondern Originalurkunden enthält. Diese Wandlung hängt mit dem Verfall der Privaturkunde in Deutschland zusammen.[40]) Schon im 12. Jahrhundert tritt aber eine neue Wandlung ein. Erstlich durch das erneute Vordringen der Privaturkunde, so daß die Traditionsbücher nun wieder zu

[36]) Ein Beispiel dafür bietet die Überlieferung der sog. Gelnhausener Urk. v. 1180 (Verleihung d. Herzogstums Westfalen an d. Eb. v. Köln nach der Verurteilung Heinrichs d. Löwen), s. darüber jetzt J. Haller in Archiv f. Urkundenforschung III u. SA. 1912 u. Güterbock, D. Gelnhäuser Urkunde u. d. Prozeß Heinrichs des Löwen (Quellen u. Darstellungen zur Gesch. Niedersachsens 32, 1921): hier der beste Text. Ferner F. Güterbock, NA 49, 1932 u. K. H. Ganahl, MIÖG 53, 1939.

[37]) Über Art und Zuverlässigkeit der Eintragung Sicherheit zu gewinnen, ist Sache der Urkundenlehre.

[38]) Reproduktionen: Chroust, Monum. palaeogr., Serie I, Lief. 1, 4 (Regensburg), 7, 8 (Salzburg).

[39]) Doch finden sie sich auch in anderen Bereichen, z. T. frühzeitig: z. B. Corvey, Werden, Lorsch, St. Gallen, Weißenburg; aus Bayern: bes. in Freising, Passau, Regensburg.

[40]) S. darüber die S. 48 angeführten Zusammenfassungen des Privaturkundenwesens von O. Redlich u. H. Steinacker. Vgl. auch R. Heuberger, Allg. Urkundenlehre 1921.

Kopialbüchern werden. Zweitens aber bekommen sie dadurch vielfach einen andern Inhalt, daß statt der Auftragungen von Grund und Boden die persönliche Ergebung als Zensualen oder zu sonstiger Dienstbarkeit erfolgt. Daher denn auch z. T. besondere *libri censualium* angelegt werden: zugleich ein Zeichen für zunehmenden Übergang von Eigenwirtschaft zum Zinsgütersystem:[41]) der wesentliche Inhalt sind nun die wirtschaftlichen Leistungen; damit werden diese Zusammenstellungen zu Bestandteilen der Wirtschaftsführung und auch Vorläufer der Urbare (s. S. 61 f.).

Andererseits hatte auch der Aussteller ein Interesse daran, jederzeit die Richtigkeit erhobener Ansprüche kontrollieren zu können (auch zur Sicherung gegen Urkundenfälschungen) und um eine Übersicht über die Geschäftsführung zu haben. Daher denn auch frühzeitig die Anlegung von Abschriften der aus der Kanzlei ausgehenden Schriftstücke begonnen hat. Zunächst finden wir, im Anschluß an die Praxis im alten Rom, solche *Registerbücher* in der päpstlichen Kanzlei: sie sind für die Mitte des 4. und den Anfang des 5. Jahrhunderts nachweisbar. Aber bis zum Jahre 1198 sind nur einzelne Bruchstücke (darunter das *Registrum Gregorii* VII., Qk. II) erhalten, im übrigen die Originalregister alle verloren.[42]) Erst mit Innocenz III. beginnt die freilich für die nächsten beiden Jahrhunderte noch durch große Verluste[43]) unterbrochene Reihe der erhaltenen Registerbände.

Während in Frankreich bereits in den letzten Jahren des 12. Jahrhunderts die Registerführung begonnen hat, aus dem sizilischen Königreiche Friedrichs II. sich Bruchstücke von Kanzleiregistern z. B. aus den Jahren 1239/40 erhalten haben und hier diese Übung von den angiovinischen Herrschern beibehalten ist,[44]) stammen die ersten erhaltenen Ansätze zu Protokollbüchern im Deutschen Reiche aus der Zeit Heinrichs VII. Unter Ludwig dem Bayern und — mit grundsätzlicher Erstrebung von Vollständigkeit, die freilich nicht erreicht wurde — unter Karl IV. sind allgemeine Register geführt worden, aber nur in einzelnen Bruchstücken erhalten, während von der sicher bezeugten Registerführung unter Wenzel nichts auf uns gekom-

---

41) S. Redlich, a. a. O. S. 87 ff.

42) Aber aus diesen verlorenen Registerbüchern sind eine Menge päpstliche Schreiben in den kirchenrechtlichen Werken und Sammlungen des Mittelalters erhalten; sie fehlen für die Zeit vom Tode Stephans V. bis auf Nicolaus II.

43) Sehr wichtige Schreiben aus der Staufenzeit fehlen.

44) In Aragonien beginnt die Registerführung unter Jayme I. (1213—1276), in England unter Johann ohne Land (1199—1216).

men ist. In größerer Vollständigkeit sind erst seit Ruprecht die Register der Reichskanzlei noch vorhanden.[45])

Mit dem Anfange des 14. Jahrhunderts beginnt, seit der Mitte des Jahrhunderts mehrt sich nachweisbar auch die Registerführung an den Höfen der geistlichen und weltlichen Fürsten und in den Städten.

Die Erhaltung dieser Register ist natürlich abhängig von der Entwicklung der *Archive*, derjenigen Stätte, an der sie aufbewahrt wurden. Als „Archiv" bezeichnet man Sammlungen, die die aus dem Geschäftsgange von Behörden und Verwaltungsstellen entstandenen Schriftstücke aufbewahren, die für den laufenden Dienst nicht mehr benötigt wurden (diese befinden sich in der „Registratur" der Behörden), aber doch der Aufbewahrung (für spätere Rückgriffe) für würdig erachtet werden.[46])

Auch auf diesem Gebiete war die Kurie vorangegangen. Schon im 4. und 5. Jahrhundert hat es ein päpstliches Archiv gegeben, dessen Bestände freilich durch seine Schicksale bis ins 19. Jahrhundert hinein schwer gelitten haben. Der modernen Forschung allgemein zugänglich gemacht worden ist das päpstliche Archiv erst durch Papst Leo XIII.

In Deutschland reichen die Anfänge kirchlicher Archive bis auf die Epoche der Gründung, vielfach also bis in das karolingische Reich zurück. Daher der verhältnismäßig reiche Schatz von Urkunden für kirchliche Stifter, der uns erhalten ist.

Sehr viel später erst bilden sich Archive weltlicher Fürsten. Das von Karl dem Großen in Aachen angelegte Archiv ist schon unter Ludwig dem Frommen der Zerstreuung anheimgefallen. Dann konnte, solange das Königtum von Ort zu Ort ohne feste Residenz, aber sicher unter Mitführung von Urkunden wanderte, ein Archiv nicht entstehen.

In Sizilien ist bereits unter den Normannenkönigen eine gewisse archivalische Fürsorge zu erkennen, die auf die Staufer hier in Italien eingewirkt hat und die die Anjous fortsetzen.

In Deutschland gehören die ersten Spuren eines Reichsarchivs der Regierung Heinrichs VII. an: Bruchstücke desselben haben sich in Pisa und Turin erhalten. Aber noch bis ins 15. Jahrhundert hinein (beim Tode Ruprechts) ist das Archiv des Herrschers als fürstliches Privateigentum angesehen und demgemäß

---

[45]) Reproduktionen bei Chroust, Monum. palaeographica Serie I. Lief. 1, 2, 3 (14. Jh.); 12, 13 (15. Jh.); Arndt-Tangl, Schrifttafeln III, 95; KUIA Lief. 2 (DW 526).

[46]) W. Bauer, Einführung (s. S. 7) S. 385.

vererbt worden. Erst seit Sigismund und dann, seit die Krone wieder an die Habsburger kam, in Wien gibt es ein ständiges Reichsarchiv.

Archivalische Verzeichnisse, wie Anlage von Lehnsbüchern, Einnahmeregistern u. dgl., gehen vereinzelt bis ins 12. Jahrhundert zurück. *Fürstliche Archive* kommen im 13. Jahrhundert auf, werden im 14. Jahrhundert häufiger; die erhaltenen zusammenhängenden Archivbestände reichen aber meist nicht über das 15. Jahrhundert hinaus zurück.

Weit früher beginnen die *städtischen Archive:* in Worms reichen Bestandteile bis ins 11. Jahrhundert zurück. Zahlreich sind sie an anderen Orten aus dem 12. und 13. Jahrhundert: daher sind denn auch für diese Zeit die städtischen Urkundenpublikationen von großem Werte und zum Teil von bedeutendem Umfange.

Frühzeitig hat man auch begonnen, in den Kanzleien Mustersammlungen für die Praxis, wie für Briefe so auch für Urkunden, zusammenzustellen: schon in merowingischer und karolingischer Zeit, dann vor allen Dingen bilden sie, wie schon S. 50 f. erwähnt, für die Zeiten der ersten Habsburger und später auch Karls IV. (s. Qk. III) eine höchst wichtige Quellengruppe.

Zu den bisher genannten Quellenarten sind aber noch mannigfache *Ergänzungen* hinzuzufügen:

1. Alle Produkte der *Gesetzgebung:* zunächst die alten *Volksrechte* der germanischen Stämme (S. 113 f.) und die Reichsgesetzgebung der Karolinger (die *Kapitularien*, S. 111 f.). Dann freilich hört mit dem Ausgang der karolingischen Epoche eine schriftliche Reichsgesetzgebung für Jahrhunderte auf. Nur in einzelnen Erlassen äußert sich die gesetzgebende Gewalt des Königstums: an die Landfriedensgesetzgebung (zuerst in den Tagen Heinrichs IV. — das älteste bekannte Landfriedensgesetz: 1103 —, dann besonders seit dem 13. Jahrhundert) und die Landesfriedenseinungen schließen sich wichtige Verfassungsgesetze, vom Wormser Konkordat an bis zur Goldenen Bulle und den Konkordaten der Konzilszeit.

Alle diese Kundgebungen finden sich mit *Staatsverträgen* und sonstigen nicht in Form von Privilegien erfolgten Kundgebungen in den Constitutiones et acta der MG (Legum sect. IV.). Der erste Band reicht bis 1198, der zweite bis zum Ende des Interregnums, die folgenden reichen bisher (bis VI, 1 Heft 3) bis 1330, der VIII. Band umfaßt die ersten Jahre Karls IV. (1345—48). Dazu kommen im 13. Jahrhundert die großen privaten Aufzeichnungen der *Rechtsbücher* (Sachsenspiegel, Schwabenspiegel usw.);[47]) daneben seit dem 12. Jahrhundert die mannigfachen *Stadtrechte*[48]) — königliche und landesherrliche Privilegien für Marktrecht, Handel und Autonomie in Verwaltung und Jurisdiktion, sowie autonome Satzungen zur Regelung des gewerblichen und bürgerlichen Lebens — und seit dem 13. Jahrhundert die *Landrechte*[49]): Kulmische Handfeste 1233, weitere namentlich im 14. Jahrhundert (z. B. die bairischen Landrechte, die Maiestas Carolina Karls IV. u. a. m.), die Hof-, Lehn- und Dienstrechte,[50]) weiterhin die große Menge von *Weistümern*,[51]) auf deren Bedeutung zuerst Jakob Grimm so erfolgreich aufmerksam gemacht hat.

2. In steigendem Maße und mit immer wertvolleren Ergebnissen hat man in den letzten Jahrzehnten sich denjenigen Quellengattungen zugewendet, in denen die fortlaufende Betätigung der staatlichen und städtischen Behörden unter zunehmender Ausgestaltung schriftlicher Aufzeichnungen seit dem 12. und namentlich dem 13. Jahrhundert in Rechtspflege, Verwaltung und Wirtschaft sich geäußert hat. Man hat begonnen, sie z. T. durch Veröffentlichungen der Forschung bequem und allgemein zugänglich zu machen; zum großen Teil ruhen sie auch weiter in den Archiven und werden nur in verschiedenartigen und speziellen Bearbeitungen wirklich nutzbar gemacht werden können. Auf diesem Gebiete schriftlicher Verwaltungstätigkeit sind in Deutschland die Städte vorangegangen.

Man versteht unter *Stadtbüchern* in Buchform geordnete, zu fortlaufenden Eintragungen benutzte und von den Stadtschreibern geführte Amtsbücher städtischer Behörden über Angelegen-

---

47) Siehe Qk. II u. R. Schröder-v. Künßberg[7], § 54; v. Schwerin[4], § 39; G. Homeyer, Die dt. Rechtsbücher des MA.s u. ihre Handschriften. Neuhrsg. v. C. Borchling (u. a.) 1931—34.

48) Schröder[7], § 56; v. Schwerin[4], § 41.

49) Schröder[7], § 55; v. Schwerin[4], § 40.

50) Schröder[7], § 57; v. Schwerin[4], § 42. Über die Lehnbücher s. d. Einleitung von W. Lippert zum „Lehnbuch Friedrichs d. Streitbaren" 1903.

51) Schröder[7], § 58; v. Schwerin[4], § 42. Unter Weistümern versteht man „Aussagen über geltendes Gewohnheitsrecht, die auf amtliche Anfrage hin von glaubwürdigen, rechtskundigen Männern abgegeben werden" (Brunner). Ursprünglich sind Weistümer Beantwortungen von Rechtsfragen über bäuerliche Interessen, die an eine bäuerliche Genossenschaft gerichtet und auf dauernde Regelung von Rechtsverhältnissen abgestimmt waren. Niemals aber sind es Satzungen der Herrschaft (das sind die Hof- und Dienstordnungen). W. Andreas, Stand u. Aufgaben d. Weistumsforschg. in Bll. f. dt. Landesgesch. 83 (1937). K. Kollnig, Probleme d. Weistumsforschg. in Heidelberger Jahrbücher (1957). H. Baltl, Die österreichischen Weistümer. Stud. z. Weistumsgesch. MIÖG 59, 1951 u. 61, 1953.

heiten der Rechtspflege und Verwaltung.[52]) Sie sind in der Regel durch Verfügung der Behörden, z. T. auch aus freier Initiative der Stadtschreiber begonnen. Im engeren Sinne begreift man darunter die Sammlungen der städtischen Gerechtsame und Ordnungen; diese sind von der wissenschaftlichen Erforschung zuerst, schon seit dem 17. Jahrhundert, von rechtshistorischen Studien her ergriffen worden. Sie zu sammeln, lag aber naturgemäß erst verhältnismäßig spät ein Bedürfnis vor. Die zusammenhängenden schriftlichen Aufzeichnungen städtischer Organe, soweit ihre Spuren erhalten sind, begannen mit den fortlaufenden Rechtsgeschäften, insbesondere auf dem Gebiete des Immobiliareigentums: ihren ältesten uns erhaltenen Niederschlag haben wir aus Köln in den sogenannten *„Schreinskarten"* seit ungefähr 1130 vor uns, aus denen seit 1212 „Schreinsbücher" werden.[53]) Noch im 12. Jahrhundert finden wir ähnliche Aufzeichnungen (in *Rollenform, rotuli)* in Andernach und seit 1220 in den sogenannten *„Bannrollen"* in Metz. Die ältesten Stadtbücher im eigentlichen Sinne stammen — Magdeburg 1215, Lübeck 1227, Hamburg 1248 — aus dem 13. Jahrhundert, und zwar aus dem Gebiete lübisch-magdeburgischen Rechts. Dann aber vollzieht sich sehr bald eine immer zunehmende Zerlegung in gesonderte Aufzeichnungen für die einzelnen Bereiche städtischer Verwaltung, insbesondere auch auf dem Gebiete der wirtschaftlichen Betätigungen der Gemeinde, namentlich des Finanzwesens.[54])

In den *Territorien* hat das Bedürfnis einer geordneten Übersicht über Wirtschaftsführung und Machtmittel seit der Mitte des 13. Jahrhunderts zu schriftlichen Aufzeichnungen geführt: aus Tirol und Savoyen stammen die ältesten Rechnungsbücher um 1260, aus Bayern und Österreich um 1300, aus derselben Zeit haben wir bereits mannigfache Steuerverzeichnisse verschiedener Art; in dieselbe Epoche gehören die ältesten Zusammenstellungen der Lehensträger und ihrer Verpflichtungen.[55])

---

52) K. Beyerle, Über Stadtbücher, in: Deutsche Geschichtsblätter 11, 1910; P. Rehme, Über Stadtbücher als Geschichtsquelle, 1913; Kleeberg, Archiv f. Urkundenforschung 2; Schröder- v. Künßberg[7] S. 59; v. Schwerin[4] § 41.

53) Unter Schreinkarten versteht man urkundliche Aufzeichnungen über Immobiliareigentumsveränderungen, die zunächst im Schrein einer Sonderpfarrei, zuerst der Martins- u. Laurentiuspfarrei niedergelegt wurden; s. darüber R. Hoeniger, in der Ausgabe der Schreinsurkunden (DW 2323); Reproduktion: Chroust, Monum. palaeogr. Serie II, Lief. 9 (DW 526).

54) S. eine Zusammenstellung der Benennung aller dieser besonders geführten Bücher bei K. Beyerle a. a. O., S. 188—191; dazu auch P. Rehme (s. o.).

55) S. die S. 59, Anm. 50 angeführte Einleitung von W. Lippert.

Älter noch sind die Versuche systematischer Zusammenfassungen der Bestände grundherrlicher Art und daraus erfließender Gerechtsame und Nutzungen. Die ältesten Versuche systematischer Beschreibung klösterlicher und stiftischer Besitzungen gehören bereits der karolingischen Zeit an: Dokumente der Wirtschaftsführung des Großgrundbesitzes. Reste davon sind uns nicht nur aus westfränkischem Gebiete — z. T. (nach ihrer Form) als Polypticha bezeichnet — erhalten,[56]) sondern auch aus den später deutschen Teilen des Reiches, wenn auch z. T. nur in Auszügen und späteren Abschriften, in den ursprünglichen Fassungen aber dem Ende des 8. oder dem 9. Jahrhundert angehörig. Hier im Ostreich gehören sie außer dem sog. Indiculus Arnonis aus Salzburg von 788, wie Aufzeichnungen aus Prüm, Weißenburg usw. und andere, die wir nur aus Erwähnungen kennen, alle dem Gebiete der Rheinlande an.[57])

In der Folgezeit hat man sich in Deutschland[58]) lange Zeit wesentlich mit der Zusammenstellung der Besitzzugänge begnügt, wie sie die Traditionsbücher (s. S. 55) boten. Erst seit dem Ende des 12., mehr noch seit dem 13. Jahrhundert macht sich, nicht zuletzt mit der Steigerung wirtschaftlicher Kultur und der Ausbildung dynastischer und territorialer Sammlungs- und Arrondierungspolitik, das Bedürfnis nach systematischer Zusammenstellung der mannigfachen und verstreuten nutzbaren Besitz- und Hoheitsrechte geltend. So entstehen die sog. *Urbarien.*

„*Urbarien*" sind „Aufzeichnungen beschreibender Art, welche dazu bestimmt sind, zur Kunde des Bestandes einer Grundherrschaft in liegendem Gut und ihrer Gerechtsame zu dienen".[59])

Es ist das Verdienst des 1909 verstorbenen österreichischen Nationalökonomen v. Inama-Sternegg[60]) und nach ihm Lamprechts,[61]) zuerst nachdrücklich auf den Quellenwert

---

[56]) Besonders berühmt ist das sog. Polyptichon Irminonis aus St-Germain-des-Prés (Abteikirche in Paris).

[57]) S. darüber Šusta, Über Urbare u. Urbarialaufzeichnungen in Sitzungsber. der Wiener Akad. d. Wiss., Phil.-hist. Kl. 138.

[58]) Soweit man überhaupt auf schriftliche Aufzeichnungen Wert legte: vornehmlich natürlich in den geistlichen Stiftern und Klöstern, selten wohl in den Kreisen des weltlichen Großgrundbesitzes.

[59]) Kötzschke in d. Einl. zur Ausgabe der Urbare des Klosters Werden a. d. Ruhr (1902 s. auch DW 2299) u. in s. Grundzügen d. deutschen Wirtschaftsgesch.² S. 17 f. s. im übrigen Šusta a. a. O.

[60]) Über Urbarien u. Urbarialaufzeichnungen, Archival. Zs. 2, 1877, und nunmehr v. a. O. Herding, Urbare als zeitgenöss. Quellen, bes. in Württbg. (Zs. f. württ. LG. 10, 1951).

[61]) S. seine Wirtschaftsgeschichte Deutschlands im Mittelalter 1886 f., bes. Bd. II.

der Urbarien hingewiesen zu haben. Von besonderer Bedeutung sind dabei die landesfürstlichen Urbare, die wir — nach der Art der Entstehung der landesherrlichen Hoheit naturgemäß — nicht sowohl in Norddeutschland als in den südlichen Bereichen des Westens und des Ostens, nach unvollkommeneren Anläufen seit dem Ende des 12. Jahrhunderts, seit der Mitte des 13. Jahrhunderts finden: zuerst bei den Babenbergern und Wittelsbachern (um 1240), dann auch in Tirol (1288), in den habsburgischen Landen des Westens und des Ostens, in Baden, Luxemburg usw.[62])

Zu den Quellen, welche die Geschichtswissenschaft heranzuziehen hat, gehören natürlich auch die Erzeugnisse geistigen Lebens in ihrem literarischen Niederschlag, der *Dichtkunst* in allen ihren Formen: in Prosa und in Versen, in Drama, Epos und Lyrik. Die wissenschaftlich verwendbare Darbietung dieses Materials ist Sache der Germanistik und der Literaturwissenschaft. Daraus gewinnt dann die Geschichtswissenschaft nicht nur Ergebnisse für die Erkenntnis der kulturellen Entwicklung und die Gedankenwelt jener Jahrhunderte, sondern auch für geschichtlich bedeutsame Vorgänge und Zusammenhänge. Das gilt z. B. für die Vagantendichtung der staufischen Zeit (u. a. Archipoeta) und die Schöpfungen des Minnesangs wie für die politische Dichtung (z. B. die Lieder und Sprüche Walthers von der Vogelweide.[63])

Man hat auch die „*Historischen Volkslieder*“[64]) gesammelt, Dichtungen nach Form und Inhalt recht unterschiedlich im Werte, soweit eben diese versifizierten Berichte überhaupt auf uns gekommen sind. Sie beginnen für uns vereinzelt in der zweiten Hälfte des 13. Jahrhunderts und werden eigentlich erst im 15. Jahrhundert zahlreicher. Sie beschäftigen sich zumeist mit zeitgenössischen Einzelvorgängen und sind verfaßt von mehr oder weniger unter-

---

[62]) Über die Ausgaben dieser Urbare s. Qk. III.

[63]) S. F. Maurer, Die polit. Lieder Walthers v. d. V. 1954. Ferner Die dt. Literatur des MA. Verfasserlexikon. 5 Bde. 1933—56; DW 6495—6498.

[64]) „*Die Historischen Volkslieder der Deutschen vom 13.—16. Jahrhundert*“ sind im Auftrag der Hist. Kommission bei der Bayerischen Akademie der Wissenschaften (mit vielen Mithelfern) gesammelt und herausgegeben von Rochus Frhrn. v. Liliencron, 4. Bde. u. Register 1865—1869, s. auch d. Lit. DW 3701.

richteten Leuten, deren Namen und Persönlichkeit uns unbekannt bleiben. Das stofflich verwendbare Ergebnis bleibt in der Regel gering.

Auch sind sie zum guten Teil zur Einwirkung auf die öffentliche Meinung bestimmt und gehören in dieser Hinsicht, gerade auch was ihre quellenmäßige Auswertung betrifft, in das Gebiet der Publizistik und der dafür geltenden methodologischen Erwägungen.

Daß auch *Sagen* und *Legenden* die historische Forschung in gewissem Umfang und ihren Quellenvorrat zu bereichern vermögen, darauf kann hier nur aufmerksam gemacht werden. Freilich bedarf es dabei der größten Vorsicht und der Ausscheidung und Abwehr jedes Dilettantismus.

„Die *Denkmäler der Kunst*",[65]) so hat Georg Dehio mit Recht gesagt, „sind eine Geschichtsquelle ersten Ranges."[66])

„Die Deutschen beginnen auf diesem Gebiete mit Lehngut, von den ältesten Anfängen bis auf die große umfassende Rezeption unter Karl dem Großen." „Die Kunst ist zu den Deutschen gekommen als untrennbarer Bestandteil der christlich-antiken Kultur." „In der Zeit von Karl dem Großen bis auf die ersten Staufer etwa war die Herrin und Pflegerin der Kunst allein die Kirche."

Kirchlichen, d. h. geistlichen Charakter fast ausschließlich bis ans Ende des 12. Jahrhunderts trägt die deutsche Kunst. Ihr vornehmstes Objekt ist der sakrale Bau, Kirchen und Klöster, und deren Ausschmückung.[67])

---

65) *Literatur:* G. Dehio, Handbuch der deutschen Kunstdenkmäler, neu bearb. v. E. Gall, bisher 9 Bde. 1949 ff. — H. Bergner, Handbuch d. kirchl. Kunstaltertümer in Deutschland; *ders.* Handbuch d. bürgerl. Kunstaltertümer in Deutschland, 2 Bde. 1906. — Wenig ergiebig ist leider das Buch von O. Doering, Deutschlands mittelalterl. Kunstdenkmäler als Geschichtsquelle, 1910. — Vor allem aber ist hinzuweisen auf die glänzenden Betrachtungen, oft von unmittelbar quellenkundlicher Bedeutung in Georg Dehio's Geschichte der deutschen Kunst I. II. 1919—1921. 2. A. 1921. 1923. 3. A. 1923. 1927. 4. A. 1930.

66) Georg Dehio, Deutsche Kunstgeschichte u. deutsche Geschichte, HZ 100, 1908 S. 478. Auch die folgenden Sätze aus diesem Aufsatz. Vgl. auch G. Bandmann, Das Kunstwerk als Geschichtsquelle. Dt. Vjschr. f. Lit.-Wiss. u. Geistesgesch. 24, 1950, 454—469.

67) Vgl. hierzu J. Sauer, Symbolik des Kirchengebäudes. 2. A. 1924 u. besonders für d. MA: G. Bandmann, Maliche Architektur als Bedeutungsträger 1951.

Noch sind uns vereinzelt solche *Bauwerke* aus der Karolinger- dann der sächsischen Zeit, mehr schon aus der salischen Periode erhalten: große Dome sind noch heute ihre Zeugen, freilich ein geringer Rest von dem, was einst in jenen Jahrhunderten erstanden war. Verheerende Brände, Naturkatastrophen, Nachlässigkeit und zeitlich bedingte Vergänglichkeit des Materials haben zusammen dezimierend gewirkt.[68]) Und wo erhalten, ist die heutige Form durch viele An- und Umbauten, schon vom Mittelalter bis in die Neuzeit tiefgreifend verändert und durch „Restaurationen" manchmal bis zur Unkenntlichkeit entstellt. So ist für die Verwendung als historische Quelle die Erforschung der Baugeschichte unentbehrlich, schon deswegen, weil die großen Bauten sich meist durch Jahrzehnte, ja z. T. durch mehrere Generationen hingezogen haben. Bauherren und oft auch die Baumeister, die Architekten sind — wie in der Geschichtschreibung — Kleriker.[69]) Freilich wie die Laienwelt dazu stand, über ihre Empfindungen vor den Gestaltungen der Kunst, darüber fehlt uns jede ausreichende Erkenntnismöglichkeit.

Was das Mittelalter an Profanbauten besessen hat, davon zeugen nur noch Ruinen. „Von den Bauten der Könige zu erzählen, lag den geistlichen Notizensammlern nicht im Gesichtskreise" (Dehio). Daß es sich dabei um ansehnliche Bauten handelte, mindestens seit der Salier- und Stauferzeit, zeigen die Reste von Kaiserpfalzen, wie in Goslar und Gelnhausen, wie Reste von Bauten Heinrichs des Löwen. Die unendliche Menge der Burgen überraschen uns teils durch die gewaltigen, teils durch die geringen, ja winzigen Ausmaße. Und nur schwer vermag auch die gezügelte Phantasie sich aus den trümmerhaften Mauerresten eine begründete Anschauung zu machen von der lebendigen

68) Noch im 18. und bis in die zweite Hälfte des 19. Jahrhunderts sind manche mittelalterliche Bauwerke als störend, überflüssig oder baufällig abgetragen worden.

69) U. a. berühmt als solcher war der bekannte Bischof Benno II. von Osnabrück unter Heinrich IV. (s. Qk. II), Ilse Hindenberg, Benno v. O. als Architekt. Straßburg 1931 (Studien zur dt. Kunstgesch. 215).

Kraft, die einst von diesen Sitzen des Rittertums ausging.[70])

Erst aus dem ausgehenden Mittelalter, zumal dem 15. Jahrhundert, sind uns Burgen und mit der Entfaltung städtischer Siedlungen und städtischen Lebens, namentlich Bürgerhäuser, — selten ohne Änderungen — erhalten.

Im Dienst kirchlicher Bauten und gottesdienstlicher Bedürfnisse haben auch jahrhundertelang die *Plastik* und die *Malerei* gestanden; auch diese Schöpfungen sind zum größten Teil untergegangen. Neben dem schon in der romanischen, vollends in der gotischen Stilepoche zu vollendeter Schönheit entwickelten Ornament hat Bildhauerkunst in und an den Kirchen und Klöstern in zeitlich zunehmendem Maße bildnerischen Schmuck angebracht.[71]) Das Leben Jesu, die Geschichte der Kirche, ihre Heiligen und Priester sind Gegenstand der Darstellung. Zeitgenössische Persönlichkeiten erscheinen zuerst auf Grabsteinen als Reliefs, dann auch als Rundfiguren, zunächst noch angelehnt, seit dem 13. Jahrhundert, also noch in der romanischen Bauperiode. Wie weit dabei Porträtähnlichkeit[72]) zum Ausdruck kommt oder kommen soll, das bleibt bis ins 14., ja 15. Jahrhundert hinein fraglich. Und das gerade ist die Frage, die der Historiker stellt und stellen muß, zumal bei Herrschern „dem wichtigsten nichtkirchlichen Thema der darstellenden Kunst des frühen Mittelalters".[73]) Aber für die mittelalterliche Kunst lag die Bedeutung des Herrscherbildes nicht im Porträtwert. „Die Bilder sollten in erster Linie aussagen, was der Dargestellte als Herrscher war, nicht wie er als Mensch aussah." Doch bleiben diese Schöpfungen alle als historische Quelle wichtig und aufschlußreich.[74])

---

70) Über die Marienburg s. Qk. III.

71) Eine einzigartige Ausnahme ist der von Heinrich dem Löwen in Braunschweig aufgestellte Löwe.

72) „Wir verstehen unter Porträt das Bild eines Menschen, das eine bestimmte Persönlichkeit wiedergeben soll" (Schramm).

73) Auch in der Malerei und auf Siegeln und Münzen.

74) S. P. E. Schramm, das Herrscherbild in der Kunst des frühen Mittelalters, 1924; *ders.* D. deutschen Kaiser u. Könige in Bildern ihrer Zeit. 2 B. 1928. (Die Entwicklung des menschlichen Bildnisses hrsg. v. W. Goetz, B. 1). Ferner S. H. u. C. Steinberg, Die Bildnisse geistl. u. weltl. Fürsten u. Herren, Teil 1, 1931 (D. Entw. d. menschl. Bildnisses, B. 3).

Ihre Deutung ist freilich nicht selten umstritten. So hat man in dem berühmten Reiter im Bamberger Dom Heinrich II., auch Konrad III., Wilhelm von Holland und Stefan von Ungarn — alle sicher zu Unrecht — sehen wollen; neuerdings — nicht unwahrscheinlich trotz Dehios Bedenken — Philipp von Schwaben. Dehio hielt (Der Bamberger Dom 3. A. 1939) die Verkörperung des hl. Georg für „die relativ bestbegründete Annahme". Ganz abwegig scheint mir der Versuch von Hartig (1937), in dem Reiter den Kaiser Konstantin zu erblicken, obschon H. auch Nachfolger gefunden hat.[75]) M. E. dürfen wir in der herrlichen Figur wenn nicht Philipp so jedenfalls „die lebensvollste Verkörperung, kaum Idealisierung des (urgermanischen) ritterlichen Typs der Hohenstaufenzeit" (so Dehio) sehen.

Im übrigen ist die *plastische Kunst* des Mittelalters zum großen Teile Kleinkunst im Dienste kirchlichen Lebens, in Metall und Elfenbein. Auch daran darf der Historiker nicht vorübergehen.

Das gilt auch von der *Malerei.* Wohl haben die mittelalterlichen Kirchen zum Teil, gerade in der früheren Zeit, auch malerischen Wandschmuck gehabt. Erhalten ist kaum etwas, nur hie und da durch moderne Freilegung in abgeschwächter Wirkung wieder sichtbar gemacht. Überwiegend hat sich die mittelalterliche Malerei als Buchmalerei in *Miniaturen* betätigt, die im Rahmen ornamentaler Initialen oder auch in gegenständlicher Darstellung, in Evangeliarien und Gebetbüchern kirchlichen Gehalt trägt, aber doch auch in Gestalten und Vorgängen der Geschichtswissenschaft quellenkundlich dienen kann.

Inschriften spielen im Mittelalter, besonders für die deutsche Geschichte, eine ganz untergeordnete Rolle. Es gab keine öffentliche Aufstellung von Tafeln mit Verträgen, keine derartige Bekanntmachung politisch wichtiger Akte, von Gesetzen und Verordnungen. Es gab keine inschriftliche Verherrlichung der Taten von Königen und

[75]) Neuestens aber, durchaus ablehnend, W. Meyer-Barkhausen (HZ 166 S. 343 ff.), 1942. — H. Steuerwald, Das Rätsel um den Bamberger Reiter, 1953.

Feldherrn an Felsen, Monumenten, Gebäuden, Kirchen oder auf Gräbern.

Wohl aber sind von den vielen Grabsteinen an oder meist in Kirchen viele erhalten, zum großen Teil freilich in abgenutztem oder verwittertem Zustande, so daß die Reliefs und die Inschriften schwer oder nicht mehr erkennbar sind. Und diese Inschriften gehen selten über die Angabe von Namen, Daten und kurzen Notizen hinaus.[76])

Eine einzigartige Ausnahme bildet die Einmeißelung des Privilegs, das Heinrich V. 1111 der Bürgerschaft von Speyer verliehen hat, in die Außenmauer des dortigen Doms, s. dazu G. Meyer v. Knonau, Jahrb. d. Deutsch. Reichs unter Heinrich IV. u. V., Bd. VI, S. 120.

Dazu eine gegossene Platte vom Freibrief Friedrichs I. für Worms 1156. Beide sind heute verschwunden. Erhalten ist die Kopie eines Freibriefs des Erzbischofs Adalbert von Mainz von 1134 auf ehernen Türflügeln.

Die intensive Beschäftigung mit den mittelalterlichen Quellen und das Bestreben, ein vertieftes Verständnis für die Eigenart mittelalterlicher Denk- und Anschauungsweise zu gewinnen, haben dazu geführt, daß man sich nunmehr besonders bemüht, auch bisher weniger beachtete Formen der Überlieferung nutzbar zu machen. Dazu gehören

1. *Die liturgischen Formen und Formeln* im Gottesdienst,[77]) zumal bei feierlichen Gelegenheiten. Hier steht an vorderster Stelle das Karfreitagsgebet für den Herrscher zum Kriege gegen die Heiden.[78])

Hans Hirsch (der mittelalterliche Kaisergedanke in den liturgischen Gebeten, MÖIG 44)[79]) hatte daraus den Schluß gezogen, daß man im Mittelalter den Kampf gegen die Heiden in besonderem Maße als Pflicht des Kaisers an-

---

[76]) Die deutschen Inschriften. Hrsg. v. d. vereinigten deutschen Akademien . . . (bisher) Bd. 1—5. 1942—1958, hierzu R. M. Kloos in DA 15, 1959, 177—181. Über die Sprache der Inschriften s. S. 18 ff.

[77]) Von Heldmann NA 49 ist darauf hingewiesen.

[78]) Oremus et pro christianissimo imperatore nostro, ut Deus et Dominus noster subditas illi faciat omnes barbaras nationes ad nostram perpetuam pacem, und: Omnipotens sempiterne Deus, in cuius manu sunt omnium potestates et omnia iura regnorum, respice ad Romanum benignus imperium, ut gentes, quae in sua feritate confidunt, potentiae tuae dextera comprimantur.

[79]) S. auch L. Biehl, Die liturgischen Gebete für Kaiser und Reich, 1937.

gesehen habe. Dagegen hat C. Erdmann (MÖIG 46) eingewendet, daß man im 10. Jahrhundert die Bekämpfung der Heiden (Ungarneinfälle) keineswegs als höhere Aufgabe des Kaisers, sondern als allgemeine Herrscherpflicht angesehen habe. Sicherlich sei die Liturgie, zumal im früheren Mittelalter, echtester und wirkungsvoller Niederschlag kirchlicher Anschauungen, doch seien die Möglichkeiten historischer Auswertung gering. Es handle sich um Erbgut, das viel eher literarischer Tradition als einer greifbaren historischen Situation entspringt.

2. Die Zeremonien bei der Herrscherkrönung unter kirchlicher Mitwirkung: die sogenannten *Ordines*.[80])

Es sind das keine gesetzlichen Anordnungen, sondern offiziöse oder auch offizielle Aufstellungen von kirchlicher Seite über die Formen, in denen eine Krönung stattfinden soll,[81]) wobei die kirchliche Mitwirkung, namentlich die Salbung, unter allen Zeremonien neben der eigentlichen Krönung von besonderer Wichtigkeit ist.[82])

Für die *Kaiserkrönung*[83]) ist nach einem wohl im Westreich um die Mitte des 9. Jahrhunderts entstandenen Ordo (A) in den folgenden Jahrzehnten eine derartige Aufzeichnung in Rom entstanden, in Anlehnung an den Ordo qualiter ordinetur Romanus pontifex (Ordo B = Cencius I).[84]) Außerdem gibt es einen Ordo C = Cencius II, über dessen Datierung die Ansichten noch auseinandergehen. Während Eichmann ihn als erstmals 1014 in Gebrauch genommen wissen will, hat

[80]) *Ordo* als Krönungsordnung ist durchaus zu scheiden von dem Begriff ordo, den man neuerdings als Grundlage kirchlicher Weltanschauung und damit als Norm für das Verständnis des Mittelalters ansieht: „Ordo est quo Deus agit omnia quae sunt." „Ordo est parium dispariumque rerum sua cuique loca tribuens dispositio" (Augustinus): eine nach Stand und Rang gegliederte Ordnung der äußeren Welt in Staat und Gesellschaft. Vgl. Luise Manz, der Ordo-Gedanke. 1937; H. Krings, „Ordo", Grundlegung einer abendländ. Idee. 1941.

[81]) Womit keine Gewähr für die Einhaltung in praxi, im Einzelfall gegeben ist.

[82]) G. Waitz, die Formeln der deutschen Königs- und der röm. Kaiserkrönung vom 10.—12. Jahrh. 1873 (Abh. GGW. XVIII).

[83]) Für die ältere Literatur s. DW 7040; dazu Ed. Eichmann, Die Kaiserkrönung im Abendland. Ein Beitr. z. Geistesgesch. d. MA. 2 Bde. 1942. S. auch DW 2405.

[84]) Die Bezeichnungen Cencius I bzw. II rühren daher, daß der päpstliche Kämmerer und Archivar Cencius Savelli, der später Papst Honorius III., sie in seinen 1191/2 angelegten Liber Censuum (das Zinsbuch der Römischen Kirche) aufgenommen hat.

Schramm ihn in die letzten Jahre des 12. Jahrhunderts setzen wollen. H.-W. Klewitz hat beide Datierungen aus inhaltlichen Gründen abgelehnt und die zweite Hälfte des 11. Jahrhunderts (Investiturstreit) dafür in Vorschlag gebracht. Nunmehr nimmt Ramackers glaubhaft seine Entstehung im Frühjahr 1111 an.[85])

Solche schriftlich aufgezeichneten Ordines — Formulare also und Programme — hat es, entsprechend dem Aufkommen der Salbung als Regel, zuerst wohl in den wesentlichen Staaten gegeben. Im westfränkischen Reich sind sie im 9. Jahrhundert aufgekommen, auch für die Kaiserkrönung. Für die *deutsche Königskrönung*[86]) scheint die erste Fixierung — unter Einfluß westfränkischer Bestimmungen und vielleicht unter Benutzung des von Widukind gegebenen Berichts über deren Vorgang von 936 — im Zusammenhang mit der Krönung Ottos II. 961 entstanden zu sein. Durch Aufnahme in das sog. Mainzer Pontificale Romano Germanicum,[87]) das erst nach der Mitte des 10. Jahrhunderts im St. Albankloster in Mainz entstanden ist, hat dieser Ordo eine große handschriftliche Verbreitung[88]) erlangt.[89])

Ob der Ordo C in der vorliegenden Rezension je die Grundlage für eine Kaiserkrönung gebildet hat, muß zweifelhaft bleiben. Jedenfalls wurde 1209 für die Krönung Ottos IV. in Rom ein neuer Ordo D hergerichtet, der Grundlage für die späteren Kaiserkrönungen des Mittelalters geboten hat.

Die Bedeutung aller dieser Krönungsordines liegt u. a. darin, daß man aus ihrer Ausgestaltung das Maß und die Steigerung der kurialen Ansprüche erkennen kann.[90])[91])

---

[85]) H.-W. Klewitz, Papsttum u. Kaiserkrönung, DA 4, 1941. J. Ramackers, Das Alter des Kaiserkrönungsordo Cencius II. Quellen u. Forschgn. aus italien. Arch. u. Bibl. 37, 1957. Zur dt. Königskrönung im Spätma. vgl. W. Goldinger, Mitt. d. Oberösterreich. Landesarchivs 5, 1957.

[86]) Schramm, Die Krönung in Deutschland ZSSRG, Kanon. Abt. 24 1935 u. Klewitz, DA 4, 1941.

[87]) Unter Pontificale versteht man eine amtliche Sammlung liturgischer Formulare für die Vornahme bischöflicher Amtsverrichtungen.

[88]) Mit verschiedenen Fassungen und Varianten; gedruckt bei Schramm, s. Anm. 86.

[89]) Eine wirkliche Umarbeitung dieses Ordo hat erst Anfang d. 14. Jahrhunderts für Heinrich VII. stattgefunden.

[90]) Bei der Wichtigkeit dieser Probleme muß jedes Wort und jede Wendung genauestens beachtet und gedeutet werden; „da es sich um einen liturgischen Text handelt, und noch dazu einen von besonderer Würde" (Schramm).

[91]) Über die Salbung bei den Königskrönungen s. auch Eva Müller, Die Anfänge der Königssalbung im Mittelalter und ihre historisch-politischen Auswirkungen (HJb 58, 1938).

3. Im Mittelalter hat bei Handlungen und Vorgängen aller Art die Verwendung von *Symbolen,* Gegenständen oder Gesten, eine unentbehrliche, sinnhafte Bedeutung gehabt, besonders bei Handlungen von rechtlicher Bedeutung (Rechtssymbole). Sie richtig zu deuten und alsdann[92]) quellenmäßig zu verwenden, ist man neuerdings bemüht.

Doch bedarf es in der Ausdeutung dieser Symbole gegenüber dilettantischen und unwissenschaftlichen Liebhabereien sorgfältigsten methodischen Verfahrens und großer Vorsicht, einer strengen Scheidung nach Ort und Zeit, einer Beachtung des Bedeutungswandels neben der Kontinuität, der Trennung von wirklichen Symbolen und Gebilden ähnlicher Art. Darauf hat mit Recht P. E. Schramm, der selbst vornehmlich auf den Quellenwert dieser Zeugnisse aufmerksam gemacht hat, eindringlich hingewiesen (in der Einführung zu Bernt Schwineköper, Der Handschuh im Recht, Ämterwesen, Brauch und Volksglaube. 1936).

Die Zahl dieser Symbole ist groß und mannigfaltig: Sinnbilder, Wahrzeichen, Personifikationen, Amtszeichen, Standes- und Rangabzeichen, besonders die vornehmsten: die Herrschaftszeichen. Über diese hat P. E. Schramm nunmehr ein umfassendes Werk vorgelegt: Herrschaftszeichen und Staatssymbolik. Beiträge zu ihrer Geschichte vom 3. bis zum 16. Jahrhundert (Schriften der MGh, 13) 3 Bde. 1954—1956.[93]) Über den Reichsapfel: P. E. Schramm, Sphaira — Globus — Reichsapfel. 1958.

Zu beachten in diesem Sinne sind auch die Attribute der Personen und Figuren auf Münzen, Siegeln, in Illustrationen und an plastischen Kunstschöpfungen, z. B. an den Gewändern.[94])

Zu diesen als Quelle bedeutsamen Symbolen gehört auch die „Heilige Lanze".[95])

Einer besonderen Erwähnung als nicht unwichtige Gruppen unseres mittelalterlichen Quellenmaterials bedürfen schließlich:

---

92) S. auch die berühmte Abhandlung von Karl von Amira (1848—1930), Der Stab in der germanischen Rechtssymbolik. 1909. Nunmehr E. Wohlhaupter, Rechtssymbolik der Germanen in: Handbuch d. Symbolforschg. II, 1941 u. E. Wohlhaupter, Die Kerze im Recht. 1940.

93) Vgl. hierzu: Th. Schieffer in HJb 77 (1957) 501—516.

94) Für die liturgischen Gewänder vgl. d. Arbeiten von Joseph Braun.

95) A. Hofmeister, D. heilige Lanze. 1908. W. Holtzmann, Kg. Heinrich I. u. d. hl. Lanze. 1947.

1. Die *Siegel,* insbesondere diejenigen unserer Könige, Fürsten und Städte, im späteren Mittelalter auch von Korporationen und Privatpersonen. Die erforderlichen Grundlagen für ihre wissenschaftliche Verwertung liefert die Spezialdisziplin der *Sphragistik,* deren Kenntnis vornehmlich für den Diplomatiker unentbehrlich ist.

Unter Siegel (von sigillum = Deminutiv von signum) versteht man zunächst den Siegelstempel (Typen, Matrize und Petschaft), in der Hauptsache den damit durch Druck in eine erweichte Masse herbeigeführten positiven Abdruck auf oder (angehängt) an einem Schriftstück (oder Druck).

Literatur: beste Darstellung von W. Ewald, Siegelkunde. 1914; Grundriß von Th. Ilgen, Sphragistik (in A. Meister, Grundriß usw. I, 4 2. A.). 1912, S. auch Bernheim, Lehrbuch d. hist. Methode 5. u. 6. A., S. 306. DW 750—770. S. auch die Lit. zur Urkundenlehre S. 48, Anm. 20 u. W. Bauer, Einführung² 234ff. Bibliographie (1945—1956) von E. Kittel in: Bll. f. dt. Landesgesch. 93 (1957).

Im fränkischen Reiche sind Siegel (Siegelringe) außer bei den Königen auch bei geistlichen und weltlichen Großen in Gebrauch gewesen. Seit den ersten Karolingern wird das Siegel zum unentbehrlichen Beglaubigungsmittel für die Rechtsgültigkeit der Königsurkunde. — Die Papsturkunden tragen von jeher Bullensiegel. — Die Besiegelung der Privaturkunden[96]) beginnt im Deutschen Reiche bereits in den ersten Jahrzehnten des 10. Jahrhunderts bei den Herzögen, Erzbischöfen, bald auch den Bischöfen; im 11. Jahrhundert folgen die großen reichsunmittelbaren Klöster und die weltlichen Fürsten, um 1200 schon einzelne Grafen; von der Mitte des 12. bis zur ersten Hälfte des 13. Jahrhunderts dehnt sich die Anwendung des Siegels auf alle Kreise geistlicher und weltlicher Stände aus. Die Verbreitung der Siegelanwendung wird durch das römisch-kanonische Recht und die Ausdehnung der geistlichen Gerichtsbarkeit gefördert, sowie durch das Aufkommen der Geschlechterwappen.

[96]) Über den Begriff der Privaturkunde s. S. 52 u. O. Redlich I, 20f.

Neben der Bedeutung, die dem Siegel in der Diplomatik[97]) zukommt, wird es zur unmittelbaren Quelle für den Historiker durch seinen Inhalt: das Siegelbild selbst und die etwa hinzugefügten Inschriften, die für Personen- und Familiengeschichte und für Datierungen Aufschlüsse geben. Aus Tracht, Ornamenten, symbolischen Gestalten lassen sich oft wichtige Aufschlüsse gewinnen.[98])

Nach dieser Richtung kommt auch das *Wappen* als Geschichtsquelle in Betracht.[99]) Als Geschlechtsabzeichen kommt es seit der zweiten Hälfte des 12. Jahrhunderts auf und verbindet sich rasch mit dem Siegel.

Die Wappenkunde ist neuerdings in der Spezialdisziplin der *Heraldik* nach manchen dilettantischen Abwegen zu wissenschaftlicher Ausbildung gelangt.[100])

2. Die *Münzen*. Auch zu ihrer wissenschaftlichen Verwertung sind spezielle technische Kenntnisse und besondere wissenschaftliche Forschung notwendig: diese bietet die Lehre von der Münzkunde, die *Numismatik*, und die darauf aufgebaute höchst wichtige *Geldgeschichte*.

Literatur: A. Luschin v. Ebengreuth, Allgemeine Münzkunde und Geldgeschichte des MA und der neueren Zeit, [2]1926 und die hübsche knappe Zusammenfassung von demselben: „Die Münze" (Aus Natur u. Geisteswelt 91) 2. A. 1918 u. in Hoops, Reallexikon d. germ. Altertumskunde III, 257—284; F. Friedensburg, Münzkunde u. Geldgeschichte d. Einzelstaaten d. MA u. d. neueren Zeit. 1926; ders., Die Münze in der Kulturgeschichte[2]. 1926; ders., Die Symbolik der mittealterl. Münzen 2 Bde. 1913, 1922; H. Gebhart, D. dt. Münzen d. MA u. d.

---

97) F. Philippi, Einführung in die Urkundenlehre. 1920 und die S. 48, A. 20 genannte Literatur.

98) Reproduktion der Siegel der Deutschen Kaiser und Könige von O. Posse, 3 Bände (bis 1711). 1909—12. Auswahl von Siegelbildern bei G. Seeliger, Urkunden u. Siegel IV (ed. F. Philippi). 1914.

99) C. U. Frhr. v. Ulmenstein, Über Ursprung und Entstehung des Wappenwesens. 1937: ursprünglich nur Erkennungszeichen symbolischen Inhalts des freien Kriegers oder Herrschaftszeichen des fürstlichen Dynasten entwickelt sich das Wappen zum bunten Geschlechtsabzeichen von symbolischer Bedeutung unter Zugrundelegung der Abwehrwaffen des mittelalterl. Kriegers.

100) Kurzer und guter Grundriß von Gritzner, Heraldik, bei Meister, Grundriß I, 4 2. Aufl. 1912; F. Hauptmann, Wappenkunde. 1914 (in Below u. Meinecke, Handbuch d. mittl. u. neueren Gesch.); E. v. Berchem, Heraldische Bibliographie, 1937; D. L. Galbreath, Handbüchlein d. Heraldik, 2. Aufl. 1948. Bibliographie (1945—1956) in: Bll. f. dt. Landesgesch. 93 (1957).

Neuzeit. 1930, s. auch DW[9] 883; H. Gebhardt, Numismatik u. Geldgeschichte (Heidelberger Studienführer). 1949. S. auch W. Bauer, Einführung[2] 231 ff.

„Münzen sind Metallstücke, die im Auftrag (oder mit Genehmigung des Herrschers [bzw. der Obrigkeit]) und unter Mitwirkung des Staates in bestimmter Form hergestellt werden und den Zweck haben, als Zahlungsmittel zu dienen" (Luschin, Münze 2).

Als geschichtliche Quellen kommen die Münzen hauptsächlich nach zwei Richtungen hin in Betracht:[101])

Erstlich durch Bild und Aufschrift (Inschrift, Umschrift, Randschrift)[102]) zur Ermittlung von Personalangaben und Fixierung von Vorgängen, insbesondere nach der chronologischen Seite; nach dieser Richtung sind den Münzen münzähnliche Gebilde, die seit dem Ende des 14. Jahrhunderts aufkommenden Medaillen gleichzustellen.[103])

Zweitens liefert die Münzgeschichte für verfassungs- und wirtschaftsgeschichtliche Forschungen überaus wichtige Ergebnisse. Die Entwicklung, Handhabung und Ausübung des Münzwesens läßt gerade in der deutschen Geschichte wichtige Schlüsse auf politische Tendenzen und Rechts- und Machtverteilung zu.

Die Münzhoheit ist ein Teil der königlichen Gewalt, das Münzrecht ist Regal. Nach und nach aber sind die verschiedenen Teile der Münzhoheit, insbesondere soweit sie materiellen Nutzen enthielten, an die Gewalten, denen überhaupt Anteil an Kronrechten und ursprünglich königliche Machtbefugnisse zuteil wurden, übergegangen: die Einkünfte königlicher Münzstätten, das Recht der Münzprägung (besonders in Verbindung mit Markt- und Zollrechtsverleihungen seit den Ottonen), die Prägung nach eigenem Münzfuß, die Bestimmung der Währung und des Gepräges, schließlich die Freiheit zur Anlegung eigener Münzstätten. Alle diese Gerechtsame bringen nach und nach vom 9. bis 14. Jahrhundert zuerst geistliche, dann weltliche Fürsten, schließlich auch Städte (zuerst Lübeck 1226 das eigene Münzrecht) an sich.

---

101) Vgl. R. Gaettens, Mittelaltermünzen als Quellen d. Gesch. in: Welt als Gesch. 14 (1954).

102) Die Sprache der Münzaufschriften ist das ganze Mittelalter hindurch lateinisch; daneben gibt es kaum 50 Münzen mit deutscher Beschriftung.

103) Papiergeld ist dem Mittelalter völlig unbekannt.

Besonderer Vorsicht bedarf es bei der Deutung der Münzbilder. Sie stehen bis zur Groschenzeit (um 1300) „in einem nicht hoch genug zu veranschlagendem Maße unter dem Einfluß der Religion bzw. der kirchlichen Kunst“[104]) *(Friedensburg).*

Alle diese Hinweise können die Reichhaltigkeit und Vielseitigkeit des Materials, das uns für die Erforschung der mittelalterlichen Entwicklung unseres Volkes zu Gebote steht, auch nicht annähernd erschöpfen. Sie sollen aber darauf aufmerksam machen, aus wie unendlich mannigfacher, im einzelnen oft unscheinbarer Überlieferung wir durch sorgfältigste, jedesmal dem Material angemessene Forschungsmethode uns ein je nach der Summe und Beschaffenheit der Quellen mehr oder weniger fest umschriebenes und ausgeführtes Bild des geschichtlichen Ablaufs und Inhalts jener Jahrhunderte zu machen vermögen.

§ 6. Die wichtigsten Quellensammlungen

1. Die Monumenta Germaniae historica

Sie sollten nach dem einst bei der Gründung der *„Gesellschaft für ältere deutsche Geschichtskunde“*[1]) (1819) aufgestellten Plan alle Quellen zur deutschen Geschichte umfassen. Sie reichen aber im wesentlichen bisher nicht über das 13. Jahrhundert hinaus. Seit der Übernahme durch das Deutsche Reich (1875)[2]) und der Einrichtung einer Zentraldirektion bestehen sie aus folgenden Abteilungen:[3])

---

104) „So daß der Geharnischte, der einem Ungeheuer zu Leibe geht, nicht etwa auf die Tapferkeit des Landesherrn, sondern auf den Menschen im Kampf mit der Sünde zu deuten ist.“

1) s. S. 28 ff. Vgl. H. Bresslau, Geschichte der Monumenta Germaniae historica. 1921 (zugleich auch NA 42). Ferner H. Grundmann in Welt als Geschichte 10, 1950, S. 98—116 u. in Gesch. i. Wiss. u. Unterricht 2, 1951, S. 538—547.

2) s. S. 30 ff.

3) Die Siglen in Klammern bedeuten die gebräuchliche Art abgekürzter Zitierung. Man zitiert also MG SS, MG AA, MG Capit., MG Epp. mit Band, Seiten-. u. Zeilenzahl, bzw. bei den Urkunden MG DH I (d. i.: Urkunde Heinrichs I.) mit Nummer, Seiten- und Zeilenzahl.

Scriptores

1. Scriptores (cit.: SS)
   in Folio- (2°) Format. 30 Bände in 2°, 1826—1934 (Neudruck der Bände 1—23, 1925—29) und (bisher) 2 Bände in Quart (4°), 1903—1913.

Sie umfassen die verschiedenen Arten prosaischer Geschichtserzählungen (Annalen, Chroniken, Historien und verwandte Formen sowie Biographien) von der karolingischen Periode an nur vereinzelt auch poetische Werke, wie die der Hrotsvith, alle in lateinischer Sprache, und zwar enthalten Bd. 1 u. 2 die Werke aus karolingischer Zeit, mit Nachträgen in Bd. 4, 13, 14, 15.

Bd. 3 u. 4 die Werke aus der Zeit der sächsischen Herrscher mit Nachträgen in Bd. 13, 14, 15, 20.

Bd. 5—12 die Werke aus der salischen Periode mit Nachträgen in Bd. 13, 14, 15, 20.

Von Bd. 16 an die Annalen, Chroniken usw. der staufischen Periode, zunächst und hauptsächlich die in Deutschland und in Italien geschriebenen Werke, in Bd. 26—29 Auszüge aus in Frankreich, Flandern, England, Dänemark, Polen, Ungarn entstandenen Werken des 12. u. 13. Jahrhunderts, soweit sie für die deutsche Geschichte von Wichtigkeit sind. Mit Rücksicht auf die Bedeutung, welche gerade in der staufischen Zeit die italienischen Ereignisse gewinnen, werden die wichtigeren italienischen Geschichtswerke, namentlich des 13. Jahrhunderts, auch ganz zum Abdruck gebracht (Bd. 31 u. 32).

2. Scriptores rerum Germanicarum, Nova Series (cit.: SS rer. Germ. n. s.).
   Seit 1922, bisher 12 Bände, darunter 6 Schriften aus der nachstaufischen Zeit, die in den bisherigen Serien fehlen; die übrigen sind Neubearbeitungen aus den SS in 2°.
3. Scriptores rerum Germanicarum in usum scholarum (sog. Schulausgabe), (cit.: SS rer. Germ. i. u. sch.), schon seit 1840.

Diese Sammlung sollte ursprünglich nur unter Wiederholung des Textes der MG mit Einschränkung des kritischen Apparates eine Anzahl wichtiger und für Unterrichtszwecke geeigneter Quellenschriften bequem zugänglich machen. Nach und nach aber brachten die Texte dieser Ausgabe — teils in verbesserten Neuauflagen, teils in völligen Neubearbeitungen — für viele Quellen so erhebliche Abweichungen vom Texte der alten MG-Auflagen, daß sie allein benutzt werden dürfen oder doch neben den alten

Ausgaben herangezogen werden müssen. Die Sammlung umfaßt bis jetzt 61 Nummern.[4])

4. Auctores antiquissimi (cit.: AA)
15 Bände 1877—1919.

Enthalten die für die germanischen Stämme wichtigen Schriftsteller des 4.—7. Jahrhunderts (soweit sie nicht den anderen Abteilungen angehören); von ihnen kommt nur ein Teil für die deutsche Geschichte — speziell die fränkische Geschichte und die Zustände Galliens, namentlich im 5. Jahrhundert — in Betracht.

5. Scriptores rerum Merovingicarum (cit.: SS rer. Merov.)
7 Bände, 1884—1920, Band 1, 2. Aufl., 1937—51.

Von ihnen enthält Bd. 1 die Werke des Bischofs Gregor von Tours (s. S. 95 f.), Bd. 2 (Neudr. 1957) zunächst die Chronik Fredegars mit ihren Fortsetzungen (s. S. 97 f.) und einzelne kleinere chronikalische Aufzeichnungen; der ganze Rest der Abteilung (von II, 2 an) wird von den zahlreichen, in ihrer Bedeutung als Geschichtsquellen neuerdings mehr und mehr gewürdigten Heiligenleben (s. S. 96 f.) eingenommen.

6. Scriptores rerum Langobardicarum et Italicarum saec. VI.—IX. (cit.: SS rer. Langob.) 1 Bd., 1878.

Sie kommen — auch des Paulus Diaconus Langobardengeschichte — für die deutsche Geschichte nur insoweit in Betracht, wie sie zur Erhellung der aus der germanischen Epoche wirksamen Zustände und Institutionen dienen können.

7. Gesta Pontificum Romanorum
1. Bd. Liber pontificalis,[5]) pars prior (ed. Th. Mommsen) 1898.

8. Deutsche Chroniken. Scriptores qui vernacula lingua usi sunt.

Bisher 6 Bände, 1877—1909, in Prosa und Versen, insbesondere (Bd. 1) die Kaiserchronik, (Bd. 2) die sächsische Weltchronik, (Bd. 3) Jansen Enikels Werke, (Bd. 4) die Limburger Chronik, (Bd. 5) Ottokars österreichische Reimchronik, (Bd. 6) die Chronik v. d. 95 Herrschaften (über diese alle: Qk. II u. III).

9. Libelli de lite imperatorum et pontificum saeculis XI. et XII. conscripti. (cit.: Ldl).
3 Bände, 1891—97, Neudruck 1957.

---

[4]) Die Numerierung wurde neuerdings nach alphabetischer Ordnung eingeführt.

[5]) s. S. 117.

Diese Abteilung enthält die Streitschriften aus den Zeiten der kirchenpolitischen Kämpfe, vor allem des Investiturstreites (Bd. 1, 2 u. Nachtr. in 3) sowie der Konflikte zwischen Friedrich I. und der Kurie (Bd. 3).

10. Staatsschriften des späteren Mittelalters (13.—15. Jahrhundert).
    1. Bd., 1. Stück: Alexander von Roes. 1958.
    2. Stück: Engelbert von Admont. (In Vorbereitung.)
    2. u. 3. Bd. Werke des Konrad von Megenberg. (Bisher erschienen:
    1. Stück: Planctus ecclesiae in Germaniam. 1941.)
    4. Bd. Werke des Lupold von Bebenburg. (In Vorbereitung.)
    5. Bd. Historisch-politische Schriften des Dietrich von Nieheim
    1. Stück: Das Viridarium imperatorum et regum Romanorum. 1956.
    2. Stück: „Privilegia aut iura imperii". (In Vorbereitung.)

Leges (cit.: LL)

1. Leges in Folio.
   Erschienen sind 5 Bände, 1835—1889, Neudruck 1925.
   Sie enthalten die Capitularia der fränkischen Könige und die sog. Volksrechte,[6]) sind aber zumeist durch neuere Bearbeitungen ersetzt.
2. Leges in Quart.
   a) Legum sectio I: Leges nationum Germanicarum.
   Die sog. „Volksrechte", 1888—1954. Erschienen sind bisher die Gesetze der Westgoten, Burgunder, Ribuarier, Alamannen und Baiern.
   Siehe aber auch die Einzelausgaben unter Leges 3.
   b) Legum sectio II: Capitularia regum Francorum (cit.: Capit.).
   2 Bde., 1883, 1897 (teilweise Neudruck 1957). Sie enthalten die schriftliche Reichsgesetzgebung der merovingischen und karolingischen Zeit.
   c) Legum sectio III: Concilia (cit.: Conc.).
   Bisher 2 Bände (aevi Merovingici und Karolini), 1893 bis 1908 (Bd. 1 Neudruck 1956). Sie enthalten die Akten der im fränkischen Reiche abgehaltenen Konzilien bis 843.

[6]) S. unter Legum sectio I u. II u. S. 111 ff.

Dazu Suppl. zu Bd. 2: Libri Carolini (1924), d. i. die im Auftrage Karls d. Gr. v. fränk. Theologen verfaßte Denkschrift zum Bilderstreit.

d) Legum sectio IV: Constitutiones et Acta publica imperatorum et regum (cit.: Const.).
Bisher Bd. 1—6 und 8 (911—1348). 1893—1926.
Diese Abteilung enthält die Akte der Reichsgesetzgebung unserer mittelalterlichen Herrscher, insbesondere (seit dem Ende d. 11. Jahrh.) die Landfriedensgesetzgebung, die Verträge mit auswärtigen Mächten und die politischen Korrespondenzen. Sie enthält nicht die in urkundlicher Form als Privilegien erfolgten Verfügungen und Verleihungen; diese gehören vielmehr in die Abt. Diplomata.

e) Legum sectio V: Formulae Merovingici et Karolini aevi (Formulae), 1 Bd., 1886. Sie enthalten die zu Kanzleizwecken (als Mustervorlagen) dienenden Formularsammlungen für Urkunden bis zum Ausgang der karolingischen Zeit.

3. Fontes iuris Germanici antiqui, nova series seit 1933.
Bisher Bd. 1: Sachsenspiegel, Land- und Lehnrecht. 1933. 2., neubearb. Aufl. 1955—1956. Bd. 3: Deutschenspiegel und Augsburger Sachsenspiegel. 1933.

4. Fontes iuris Germanici antiqui in usum scholarum separatim editi.
Seit 1869, bisher 8 Bände; z. T. Texte der alten Volksrechte; aber auch Sachsenspiegel, Hinkmars de ordine palatii und des Marsilius von Padua Defensor pacis.

Diplomata

1. Diplomata in Folio.
Ein Band, die Urkunden der merovingischen Herrscher enthaltend, der aber schon bei seinem Erscheinen 1872 (Neudruck 1925) durchaus ungenügend war.

2. Die Urkunden der Karolinger: Diplomata Karolinorum (cit.: DD Karol.).
Von ihnen ist bisher der 1. Bd.: Die Urkunden Pippins, Karlmanns und Karls d. Gr. 1906 (Neudruck 1956) erschienen. Es stehen noch aus die Urkunden Ludwigs des Frommen.

3. Die Urkunden der deutschen Karolinger: Diplomata regum Germaniae ex stirpe Karolinorum (cit.: DD Germ. Karol.).

Bisher 3 Bände (829—899) von Ludwig dem Deutschen bis Arnulf, 1932—1940 (Neudrucke 1955—1956), die wir der unermüdlichen Tatkraft und Arbeitsleistung von Paul Kehr verdanken. Bd. IV, die Urkunden Zwentibolds und Ludwigs des Kindes enthaltend, ist, von Theodor Schieffer bearbeitet, in Druck.

4. Die Urkunden der deutschen Könige und Kaiser: Diplomata regum et imperatorum Germaniae (cit.: DD K I, DD H II usw., die einzelne Urkunde hingegen DH II usw.).

   Erschienen 5 Bände, von 911—1056 reichend, 1879—1931 (Neudruck 1956—57); Bd. 6 Heinrich IV. 1. u. 2. Teil, 1941 bis 1952 (Neuausgabe vorgesehen). Außerdem Bd. 8: Die Urkunden Lothars III. u. der Kaiserin Richenza 1927 (Neudruck 1957).

   Dazu: Die Urkunden Heinrichs des Löwen, Herzogs von Sachsen und Bayern. Teil 1, 1941 (Neudruck 1957) u. Teil 2, 1949. Ein 3. Teil mit Nachträgen ist vorgesehen.

Epistolae (cit. Epp.)

1. Epistolae in Quart:

   Bd. 1 u. 2. enthalten das Register Gregors I. 1887—1891 (Neudruck 1957).

   Bd. 3 Epp. Merowingici et Karolini aevi, Tom. I. 1892 (Neudruck 1957).

   Bd. 4—8 Epp. Karolini aevi, Tom. II—VI, 1. 1895—1939.

2. Die Briefe der deutschen Kaiserzeit.

   Erschienen sind bisher:

   Bd. 1: Die Briefe des Bischofs Rather von Verona. 1949.

   Bd. 3: Die ältere Wormser Briefsammlung. 1949.

   Bd. 5: Briefsammlungen der Zeit Heinrichs IV. 1950.

3. Epistolae saec. XIII. e regestis Pontificum Romanorum selectae.

   3 Bände 1883—1894.

4. Epistolae selectae (cit. Epp. sel.).

   Seit 1916, bisher 5 Bände: Briefe des hl. Bonifatius u. Lullus; das Register Gregors VII.; Tegernseer Briefsammlung (Froumund); Aktenstücke zum Frieden von S. Germano 1230; Reinhardsbrunner Briefsammlung.

Antiquitates

1. Poetae Latini medii aev:

   Band 1—4: Poetae Latini aevi Carolini. 1880—1923.
   Band 5, 1. Teil, Heft 1, 2: Die Ottonenzeit. 1937—1939.
   Band 6, 1. Teil: Nachträge zu den Poetae aevi Carolini. 1951.

2. Necrologia Germaniae.

   Unter Nekrologien versteht man die Verzeichnisse der Sterbetage — ohne Jahresangabe —, deren Gedächtnis in der Kirche oder dem Kloster, dem diese Aufzeichnungen angehören, gefeiert werden sollen.

   Erschienen sind 5 Bände:

   1: Diözesen Augsburg, Konstanz, Chur. 1888. (1, 2 Neudruck 1957.)
   2: Diözese Salzburg. 1904.
   3: Diözesen Brixen, Freising, Regensburg. 1905.
   4 und 5: Diözese Passau. 1913—1920.

   Dazu noch ein Band Verbrüderungsbücher:

Libri confraternitatum von St. Gallen, Reichenau und Pfäfers. 1884.[7])

Dazu kommen neuerdings zwei weitere Reihen:

Deutsches Mittelalter. Kritische Studientexte. Mit gegenüberstehender Übersetzung. Seit 1937, bisher 4 Bände: Briefe Heinrichs IV.; Bruno de bello Saxonico; Leben der Liutbirg; Schriften d. Alexander v. Roes.

Quellen zur Geistesgeschichte des Mittelalters:

   Band 1: Alexander Minorita, Expositio in Apocalypsim. 1955.
   Band 2: Gunzo, Epistola ad Augienses. — Anselm v. Besate, Rhetorimachia. 1958.

2. Die Geschichtsschreiber der deutschen Vorzeit

In dieser Sammlung ist eine große Zahl der wichtigeren erzählenden Quellen — nur vereinzelt andere, wie die Briefe des Bonifatius und das Register Innocenz III. — nach den Texten der Monumenta (bzw. der SS. rer. Germ. i. u. sch.) übersetzt herausgege-

[7]) Auch libri vitae genannt. Sie verzeichnen den Personalbestand des Klosters und der verbrüderten Genossenschaften. S. darüber Piper in der Einleitung zur Ausgabe.

ben, ursprünglich von Pertz, Jakob Grimm, K. Lachmann, Ranke u. Karl Ritter veranlaßt, in einer 2. Gesamtausgabe (96 Bde. umfassend) unter der Oberleitung von O. Holder-Egger, dann von M. Tangl, — mit dem Wechsel des Verlags — vorübergehend von Karl Brandi. Den Übersetzungen liegt noch zum Teil ein — heute durch Neubearbeitung in den SS. rer. Germ. nova series und andern Abteilungen der MG — veralteter Text zugrunde; andere Bände wurden im Laufe der letzten Jahrzehnte nach neueren Textausgaben neu bearbeitet. Seit 1943 hat Karl Langosch eine 3. Gesamtausgabe begonnen, die inzwischen auf 8 Bände angewachsen ist. Sie bringt nicht nur Neubearbeitungen veralteter Übersetzungen, sondern will auch eine Reihe bisher noch nicht übersetzter Texte bieten.

3. Ausgewählte Quellen zur deutschen Geschichte des Mittelalters
(Freiherr-vom-Stein-Gedächtnisausgabe)

Diese von Rudolf Buchner herausgegebene Reihe will eine Auswahl der wichtigsten Quellen zur deutschen Geschichte des Mittelalters mit gesicherten (meist aus den MG-Editionen übernommenen) Texten und gegenüberstehender deutscher Übersetzung geben. Seit 1955 erschienen folgende Bände:

2./3.: Gregor von Tours, Zehn Bücher Geschichten. 1955—1956.

5./6.: Quellen zur karolingischen Reichsgeschichte I/II. 1955 bis 1957.

9.: Thietmar von Merseburg, Chronik. 1957.

13.: Lampert von Hersfeld, Annalen. 1957.

Je mehr sich im Laufe der Arbeit, bereits seit den vierziger, zunehmend seit den fünfziger Jahren, zeigte, daß das umfassende, auf die Sammlung aller Quellen bis 1500 gerichtete Programm der MG sich in absehbarer Zeit nicht werde erfüllen lassen, wurde teils von einzelnen Forschern, teils — und in weit größerem Umfange natürlich — von Akademien und lokalen oder territorialen Geschichtsvereinen durch eigene Publikationen eine weitgehende Entlastung der MG herbeigeführt. Hierher gehören namentlich:

4. J. F. Böhmer: Fontes rerum Germanicarum

4 Bde., 1843—1868.

Sie enthalten wichtige Quellen vom 12. bis 14. Jahrhundert, sind aber jetzt durch den inzwischen erfolgten Fortgang der MG zum großen Teile nicht mehr verwendbar. DW 1142.

5. Philipp Jaffé. Bibliotheca rerum Germanicarum

6 Bände, 1864—1873. DW 1143.

Sie enthalten Quellen zur Geschichte einzelner Orte bzw. dort entstandene wichtige Quellen: die Mon. Corbeiensia (Corvey, B. I), Moguntina (B. III), Bambergensia (B. V), oder wichtige Quellen für einzelne Persönlichkeiten: Mon. Gregoriana (Gregor VII., Bd. II), Carolina (Karl d. Gr., Bd. IV), Alcuiniana (Bd. VI).

Beide Sammlungen, z. T. selten oder vergriffen, sind noch heute nicht völlig entbehrlich, da einzelne hier abgedruckte Werke auch jetzt noch neuerer Ausgaben entbehren, bei anderen trotz neuerer Editionen auf die besseren älteren Texte Jaffés zurückzugreifen ist, z. B. beim Codex Carolinus (s. S. 116).

6. Die Chroniken der deutschen Städte

vom 14. bis ins 16. Jahrhundert werden seit 1862 von der durch König Max II. von Bayern 1858 begründeten „Historischen Kommission bei der Akademie der Wissenschaften" in München herausgegeben: bisher 36 Bände. DW 1242.

In die Epoche vor 1450 fallen freilich nur die Anfänge der städtischen Geschichtsschreibung; daher gehört der Inhalt dieser Veröffentlichung zum größeren Teil der späteren Zeit an.

Ebenfalls von der „Historischen Kommission" werden die beiden folgenden großen Quellensammlungen herausgegeben:

7. Deutsche Reichstagsakten,

mit 1376 beginnend, in 16 Bänden, bisher bis 1442 reichend, seit 1867 (2. Aufl., Nachdruck 1956—57); von B. 17 (1442—1444) bisher 1. Hälfte u. 2. Hälfte, 1. Teil 1939—56.

Sie enthalten nicht nur den schriftlichen Niederschlag der Verhandlungen der Reichstage, sondern auch alle auf die Vorbereitung, den Verlauf, die Folgen und Auswirkungen der Tagungen bezüglichen Korrespondenzen und Akten.[8])

8. Die Rezesse[9]) und andere Akten der Hansetage

Die 1. Abteilung reicht in 8 Bänden von 1256 bis 1430 (1870 bis 1897); die 2. von 1431—1476 in 7 Bänden (1876—1892).[10]) Die Herausgabe ist inzwischen von der Münchner Hist. Kommission auf den Hansischen Geschichtsverein übergegangen.

Auch hier sind die umfangreichen auf die Tagungen bezüglichen Korrespondenzen zwischen den Städten und mit ihren Abgesandten veröffentlicht.

Die von den historischen Kommissionen — meist auf Kosten der Landesregierungen, Provinzialverwaltungen oder anderer Körperschaften — oder von den Geschichtsvereinen ausgehenden Veröffentlichungen von *Quellen* vornehmlich zur *Territorialgeschichte* erscheinen z. T. — so in Baden und z. T. in Württemberg — in einzelnen selbständigen Publikationen, meist aber als Teile größerer Sammlungen, die dann nicht nur mittelalterliche Quellen, sondern auch solche der neueren Jahrhunderte zu umfassen pflegen.

Von diesen Sammlungen sind hier zu nennen:

Für *Österreich:* Fontes rerum Austriacarum, seit 1855:
1. Abt.: Scriptores (9 Bände) DW[9]
2. Abt.: Diplomataria (76 Bände)
3. Abt.: Fontes iuris (2 Bände) 1148

Für *Bayern:*
1. Quellen u. Erörterungen zur bayer. u. deutschen Geschichte, 9 Bände 1856—1864 u. Neue Folge seit 1903, 13 Bände 1159
2. Monumenta Boica, seit 1763 u. Neue Folge (seit 1903): B. 50, 1932, 53, 1912, 54, 1956 1341

---

[8]) DW, 2269 u. 7873; seit 1893 hat daneben eine „jüngere Reihe" der *Reichstagsakten* begonnen, die mit der Kaiserwahl 1519 einsetzen, bisher Bd. I—IV u. VII (1893—1935); e. „mittlere Reihe" (1486—1519) ist in Angriff genommen.

[9]) „Unter Recess verstehen die norddeutschen Städte diejenigen Beschlüsse, welche von Vertretern verschiedener Interessen in gemeinschaftlicher Verhandlung vereinbart sind." Es handelt sich nicht um Beschlüsse des deutschen Kaufmanns im Ausland, sondern um Versammlungen der Hansestädte (Hansetage).

[10]) DW 1452. Eine dritte Abteilung reicht in 9 Bänden v. 1477—1530 (1881—1913).

Für *Württemberg:* DW[9]

Württembergische Geschichtsquellen, seit 1894, bisher 25 Bände (1956) 1165

Für die *Schweiz:*

Quellen zur Schweizer Geschichte, seit 1877, 25 Bände und Neue Folge, seit 1908 in 4 Abt. 1167

Quellenwerk zur Entstehung der schweizerischen Eidgenossenschaft. 1933—47.

Die *„Publikationen der Gesellschaft für Rheinische Geschichtskunde“*, seit 1884, bisher bis Band 53 (1955) . . 1173

Für *Thüringen:*

Thüringische Geschichtsquellen, seit 1854, bisher bis Band 10 (1936) 1186

Die „Quellen und Darstellungen zur Geschichte *Niedersachsens*“, seit 1883, bisher bis Band 56 (1957) 1191

Die *Hansischen Geschichtsquellen,* seit 1875, 7 Bände und Neue Folge (seit 1899), seit B. 6 unter dem Titel: Quellen und Darstellungen zur hansischen Geschichte, 12 Bände (bis 1956) 1196

Die *Geschichtsquellen der Provinz Sachsen,* seit 1870; jetzt: Geschichtsquellen der *Provinz Sachsen und des Freistaats Anhalt,* bisher 49 Bände 1201

Für den *Ordensstaat:*

Scriptores rerum *Prussicarum,* 5 Bände, 1861—1874 1272

Für *Schlesien:*

Scriptores rerum Silesiacarum, 17 Bände, 1835—1902.

Von den allgemeinen Sammlungen der Geschichtsquellen in den benachbarten Ländern sind für die deutsche Geschichte am wichtigsten: *Muratori, Rerum Italicarum Scriptores,* neue Ausg. v. Carducci u. and. (DW 1274), Fonti per la storia d'Italia (DW 1218) und *Bouquet, Recueil des historiens des Gaules et de la France* (DW 1277).

Außerdem sind die für die deutsche Geschichte unentbehrlichen Werke, die in anderen Ländern entstanden sind, ganz oder in Auszügen, bis zum Schlusse der staufischen Zeit in die Monumenta Germaniae aufgenommen (s. S. 75).

Um eine Übersicht über das in einer Unzahl alter, neuer Ausgaben und gelegentlichen Einzeldrucken — in Anhängen oder Zeitschriften — zerstreute *Urkundenmaterial* zu gewinnen, sind die systematischen Inhalts- und Druckortverzeichnisse in den Regesten unentbehrlich.

Die wichtigsten *Regestensammlungen* sind:

für die Urkunden der deutschen Herrscher und damit für die ganze deutsche Geschichte:

die von J. F. Böhmer nacheinander in verschiedenen Werken gelieferten Regesten für die Zeit von den Karolingern bis ins 14. Jahrhundert. Eine Zusammenstellung dieser älteren Bearbeitungen fehlt in Dahlmann-Waitz seit der 7. Aufl., sie findet sich in der *sechsten* Aufl., Nr. 457 (s. auch S. 86). Durch die von Böhmer testamentarisch hinterlassene Stiftung (s. S. 32 f.) ist eine Neubearbeitung dieser Regesten mit Fortsetzung bis 1437 in elf Abteilungen begonnen:

J. F. Böhmer, Regesta Imperii (RI)

I. Karolinger (bis 918), von Mühlbacher. I 1889, zweite Auflage 1901—1908.
II. 919—1024 (erschienen: 1. Abt. Heinrich I. u. Otto I. (bis 973) v. Ottenthal, 1893; 2. Abt. Otto II. 955 (973) bis 983 v. H. L. Mikoletzky, 1950; 3. Abt. Otto III. 980 (983)—1002 v. M. Uhlirz, 1956.
III. 1024—1125 (erschienen: 1. Teil 1024—1056; 1. Abt. Konrad II. 1024—1039 v. H. Appelt, 1951).
IV. 1125—1197 (fehlt).
V. 1198—1272, in 5 Abteilungen, bearb v. J. Ficker und E. Winkelmann, 1881—1901. (Ergänzgn. in Zs. Gesch. Oberrhein 102, 1954, 188—273.)
VI. 1273—1313 (erschienen: 1. Abt bis 1291 v. O. Redlich 1898; 2. Abt. 1291—1313 v. V. Samanek, 3. Lief. (bis 1298).
VII. 1313—1347 (fehlt).
VIII. 1347—1378 (Regesten Karls IV., von A. Huber 1877, u. 1 additamentum 1889.
IX. 1378—1400 (fehlt).
X. 1400—1410 (fehlt).[11])
XI. 1410—1437 (Die Urkunden Kaiser Sigmunds, von W. Altmann, 2 Bände, 1896—1900).

[11]) S. aber f. Ruprecht: Regesten der Pfalzgrafen bei Rhein. S. 87.

Man zitiert Böhmer, Regesten oder besser als Sigle RI mit Hinzufügung der Abteilungs- und Stücknummer, also z. B. RI I^2 311.

Die aufgenommenen Mitteilungen aus nicht urkundlichen Quellen sind mit Buchstaben a, b, c usw. zwischen die Nummern eingereiht; man zitiert sie unter Hinzufügung der letzten Nummer, also z.B. RI I^2 311 d.

Übrigens geben diese Böhmerschen Regesten nicht nur die kritischen Verzeichnisse der Herrscherurkunden, sondern auch der das Imperium betreffenden Papsturkunden sowie der sog. „Reichssachen", d. h. von wichtigen Maßnahmen und Vorgängen anderen Ursprungs, die für die Reichsgeschichte von Bedeutung sind.

Für die fehlenden Abteilungen bietet einstweilen einigermaßen Ersatz bis 1197:

K. F. Stumpf-Brentano, Die Reichskanzler, Bd. II, 1879. Man zitiert St. u. d. Nummer, z. B. St. 2486. Dieser Band enthält ganz knappe, regestenartige Zusammenstellung des damals (1879) bekannten Materials an Herrscherurkunden; von Drucken werden nur die in den älteren Böhmerschen Sammlungen nicht verzeichneten aufgeführt. So sind diese daneben heranzuziehen; sie sind überdies infolge des Fehlens der Neubearbeitungen für die Jahre von 1291—1347 ganz unentbehrlich, und zwar:

J. F. Böhmer, Regesta regum atque imperatorum Romanorum, 911—1313, 1831;

Derselbe, Regesta imperii 1246—1313 u. 2 additamenta, 1844 bis 1857;

Derselbe, Regesta imperii 1314—1347 u. 3 additamenta, 1839—1865.

Für die seit dem Erscheinen der einzelnen Abteilungen neu gefundenen oder kritisch erörterten und (besonders im Hinblick auf Echtheit) umstrittenen Urkunden muß man die Aufsätze und Nachrichten im *Neuen Archiv* (NA), seit 1937 diejenigen des *Deutschen Archivs* (DA) (s. S. 7) durchsehen.[12])

[12]) Vgl. auch die Zusammenstellung von Lüdicke, s. S. 53, Anm. 34.

Regesten der *päpstlichen* Urkunden

Regesta pontificum Romanorum bis zum Jahre 1198 hatte schon 1851 Phil. Jaffé zusammengestellt. Die 2. A. in 2 Bänden war von Löwenfeld, Kaltenbrunner und Ewald 1881—1888 besorgt. DW 1289. Sie ist natürlich inzwischen lückenhaft und in bezug auf Echtheit usw. unzuverlässig geworden.

Das gilt in noch höherem Maße für die Fortsetzung: *Regesta Pontificum Romanorum* (für die Jahre 1198—1304) von A. Potthast, 1874—1875.

Seither hat P. Kehr im Auftrag der Göttinger Ges. d. Wiss. eine neue Bearbeitung mit veränderter Stoffbehandlung unternommen:

a) *Italia Pontificia* (8 Bände 1906 ff.);

b) *Germania Pontificia,* sive repertorium privilegiorum et literarum a Rom. pontif. ante annum 1198 Germaniae ecclesiis monasteriis civitatibus singulisque personis concessorum.

Davon sind erschienen 1 Band für das Erzbistum Salzburg und 2 Bände für das Erzbistum Mainz (seit 1910).

Regestenartige Materialzusammenstellungen für die Wirksamkeit einzelner Persönlichkeiten oder begrenzte Gebiete finden sich manchen neueren Darstellungen angehängt. Darüber hinaus aber haben verschiedene historische Vereine und Kommissionen sich die Herausgabe *territorialer Regesten* neuerdings angelegen sein lassen. Hierher gehören:

Regesta Habsburgica. Regesten der Grafen u. Herzöge von Österreich aus dem Hause Habsburg: DW[9]

1. Abt. bis 1281 (1905)

2. Abt. 1281—1314 (davon erschienen 1 Liefg. (für Albrecht I.) 1934

3. Abt. 1314—1330 (1924) 1311

Württembergische Regesten 1301—1500 seit 1916 . . . 1355

Regesten der Markgrafen von Baden u. Hachberg 1050 bis 1515, bisher 4 Bände (bis 1475), 1892—1915 1372

Regesten der Pfalzgrafen am Rhein 1214—1508, Band 1 bis 1400, v. Band 2 6 Lieferungen 1892—1939 . . . 1388

Regesten der Landgrafen von Hessen von 1247 an; bisher 1 Bd. (bis 1328) 1418

Regesten der Markgrafen von Brandenburg aus d. askanischem Hause, bisher 11 Lieferungen . . . . DW^{9} 1474

J. Fr. Böhmer, *Regesta archiepiscoporum Maguntinensium* bearb. v. C. Will, 2 Bde., 1877. 1886 (bis 1288) 1414

Regesten der Erzbischöfe von Mainz, 1289—1396. 2 Bände (bis 1374) seit 1913 1414

Regesten der Erzbischöfe von Köln, Bd. 1 (313—1099) 1954 ff. (bisher 2 Lfgn.) Bd. 2—4 (1101—1332) 1901 bis 1915 1407

Regesten der Bischöfe von Straßburg, bisher B. 1 u. 2 (bis 1305) 1339

Regesta episcoporum Constantiensium 517—1496, 4 Bde. (bis 1474) sind erschienen bis 1941, B. 5 im Erscheinen 1373

Dazu kommt die schon jetzt fast unübersehbare Fülle der *Urkundenpublikationen* für die einzelnen *Territorien* und *Stifter* und namentlich für die *Städte:* sie finden sich verzeichnet bei Dahlmann-Waitz, 9. A., Nr. 1316—1511.

Unter ihnen sind — außer den bereits genannten, verschiedene Quellengattungen umfassenden Sammlungen — aus den territorialgeschichtlichen und stadtgeschichtlichen Urkundenpublikationen hervorzuheben:

aus *Österreich:*

das Urkundenbuch des *Landes ob der Enns* 1326

das Urkundenbuch von *Steiermark* (Erg.-Bd. 1949) . . 1328

das Urkundenbuch von *Krain* 1330

die *Acta Tirolensia* 1331

das *Tiroler* Urkundenbuch (bisher 1. Abt.: Etschland u. Vintschgau, 2 Bde. 1937—49).

das *Salzburger* Urkundenbuch (4 Bände, bis 1343) . . 1336

für *Bayern:* s. vorher S. 83;

für *Südwestdeutschland:*

das *Würtembergische* Urkundenbuch (10 Bde., bis 1300[13])) 1355

das *Fürstenbergische* Urkundenbuch 1376

J. D. Schöpflin, *Alsatia* diplomatica, 2 Bände, 1772 bis 1775 1377

[13]) Fortführung in Regestenform s. S. 87.

die Urkunden u. Akten der Stadt *Straßburg*, I. Abt. DW[9]
Urkundenbuch, 7 Bde. 1879 ff. 1378

für die *Eidgenossenschaft:*

die Urkunden zur *Schweizer* Geschichte aus österreichischen Archiven 1359

und besonders das Urkundenbuch der Abtei *St. Gallen* (6 Bände) 1363

Bündner Urkundenbuch (bisher bis 1161) Lfg. 1—4

für die *rheinischen Gebiete:*

das Urkundenbuch z. G. d. *mittelrheinischen* Territorien 1394

das Urkundenbuch f. d. G. d. *Niederrheins v. Lacomblet* 1401

der Codex diplomaticus *Nassoicus* 1415

Mainzer Urkundenbuch I (—1137) 1932 . . . . .

das *Hessische* Urkundenbuch 1419

für die nordwestdeutschen Bereiche:

das *Westfälische* Urkundenbuch 1432

zur Landes- u. Rechtsgesch. d. Herzogtums Westfalen (v. Joh. S. Seibertz) 3 B. 1839—54 . . . .

das Urkundenbuch des hist. Vereins f. *Niedersachsen* 1441

das Urkundenbuch z. G. d. Herzöge v. *Braunschweig* 1447

das *Hansische* Urkundenbuch[14]) 1451

das *Hamburgische*[15]) Urkundenbuch 1453

das *Lübeckische*[16]) Urkundenbuch 1455

das *Bremische* Urkundenbuch 1456

das *Mecklenburgische* Urkundenbuch 1457

das *Pommersche* Urkundenbuch 1483

der Codex diplomaticus *Brandenburgensis* 1477

der Codex diplomaticus *Saxoniae regiae* 1468

der Codex diplomaticus *Silesiae* 1498

versch. Urkundensammlungen zur Geschichte des deutschen Ordensstaates[17]) . . . . 1487 ff.

---

14) Dazu (oben S. 76) die Rezesse usw. der Hansetage („Hanserezesse").
15) B. II 2. Abt. — 1320.
16) *Codex diplomaticus Lubecensis*, 11 Bde. (—1470). Dazu ein Ergänzungsband (Register) 1932.
17) Vom *Preußischen Urkundenbuch* (DW 1481) ist eine Fortsetzung bis 1345 (bis 1958) erschienen.

2. Kapitel

Die Zeit der Karolinger

Literatur:

Dahlmann-Waitz⁹ S. 311ff. 321—327, 334—338; 359.
W. Wattenbach I⁷, 96—349, nunmehr überholt durch:
Wattenbach-Levison Heft 1—4 u. Beiheft (dort auch die neueste Literatur verzeichnet).
M. Jansen u. L. Schmitz-Kallenberg, 2. A. in: A. Meister, Grundriß I, 7.
(Böhmer), Regesta Imperii (RI) I², CXV—CXXII.
A. Molinier, I, 55—272 und V, X—LXIV.
A. Potthast II, 1656—1659.
E. Mühlbacher, Deutsche Geschichte unter den Karolingern, 1896, 1—20.
G. Monod, Etudes critiques sur les sources de l'histoire mérovingienne I, 1872; II, 1885 (DW 5232, 5236).
G. Monod, Etudes critiques sur les sources de l'histoire carolingienne, 1898 (DW 5284).

Die *Quellen der karolingischen und der* (zu ihrem Verständnisse unentbehrlichen) *merowingischen Periode* sind zum größten Teil in den *Monumenta Germaniae historica* (MG) bereits erschienen.

1. Die *erzählenden* Quellen der karolingischen Epoche in den beiden ersten Bänden der *Scriptores* (SS), Nachträge im 4., 13. bis 15. u. 30. Bande. Infolge der seither neu gefundenen Handschriften und der Ergebnisse eindringendster Quellenkritik sind viele Ausgaben der älteren Monumentenbände zum Teil schon oder werden ersetzt durch Neubearbeitungen in der sogenannten *Schulausgabe* der MG, die dann allein zu benutzen sind.[1]) Dazu kommen für die merowingische Zeit, z. T. (z. B. Continuator Fredegarii) bis in die karolingische Periode hineinreichend, als besondere Abteilungen die Scriptores rerum Merovingicarum (7 Bde.) und die Scriptores rerum Langobardicarum, beide in Quartformat.

2. Die *Reichsgesetze* (capitularia) der fränkischen Herrscher MG LL sect. II, 2 Bde. 1883. 1897.

1) MG, Scriptores rerum Germanicarum in usum scholarum (s. S. 75 f.).

3. Die Beschlüsse der *Konzilien:* MG LL sect. III, 2 Teile: 1. Concilia aevi Merovingici (ed. F. Maaßen 1890 [Neudruck 1956]); 2. Concilia aevi Karolini I. (ed. A. Werminghoff) bis 843, 1904—1908; dazu Suppl. zu Bd. 2: Libri Carolini (ed. H. Bastgen) 1924.

4. Die *Volksrechte* (d. sog. Leges Barbarorum). Sie sind bisher sowohl in der alten Folioausgabe als in den Neubearbeitungen (Quart- u. Oktavserien) erst zum Teil erschienen (s. S. 77 f.).

5. Die *Formelsammlungen* MG, LL sectio V. Formulae Merovingici et Karolini aevi (1 Bd., ed. K. Zeumer 1886).

6. Die *Herrscherurkunden:*

Für die merowingische Zeit fehlt eine brauchbare Ausgabe.[2])

Für die Karolingische Zeit sind erschienen:

a) von den „Urkunden der Karolinger" (MG Diplomata Karolinorum), der 1. Band: die Urkunden Pippins, Karlmanns u. Karls d. Großen (ed. E. Mühlbacher u. a.) 1906.

Die Zeit Ludwigs des Frommen fehlt noch.

b) Die „Urkunden der deutschen Karolinger" (MG Diplomata regum Germaniae ex stirpe Karolinorum):

B. 1: Die Urkunden Ludwigs des Deutschen, Karlmanns u. Ludwigs des Jüngeren, 1932—1934, Neudruck 1956.

B. 2: Die Urkunden Karls III 1936 f.

B. 3: Die Urkunden Arnulfs, 1940, Neudruck 1955. Die Urkunden Zwentibolds u. Ludwigs des Kindes sind in Druck.

Die erschienenen Bände verdanken wir nur der unermüdlichen Arbeitskraft von Paul Kehr.

Für die Merowingerzeit fehlen auch die *Regesten:*[3])

Dagegen liegt für die Karolingerzeit der 1. Band der Neubearbeitung der Böhmerschen Regesten vor: *Regesten des Kaiserreichs unter den Karolingern* 751—918 (RI I), bereits in 2. Aufl. 1901/8 (s. S. 115). Er reicht für das Ostfränkische Reich bis zum Tode Ludwigs des Kindes.

7. Das reiche *Briefmaterial* findet man mit Einschluß der publizistischen Literatur in der Abteilung *Epistolae* der MG, bisher 6 Bände (3—8,1); die Briefe des Bonifatius u. Lullus in d. MG *Epistolae selectae* Bd. 1.

---

[2]) Die *Original*urkunden der Merowinger sind in Lichtdruckwiedergabe veröffentlicht: Les diplômes originaux des Mérovingiens p. p. Ph. Lauer, Ch. Samar, Préf. p. M. Prou, 1908; unbenutzbar ist die Ausgabe v. K. Pertz in den MG 1872.

[3]) Begriff des Regestes s. S. 50.

8. Die zahlreichen *Gedichte* liegen in 4 Bänden (1—4) der MG, Poëtae Latini medii aevi vor, v. 1880—1921 erschienen, dazu Nachträge in Bd. 6,1. 1951.

Dazu kommen

9. Die *Nekrologien:* s. S. 80.

Die Epoche geschichtlicher Entwicklung, die wir nach dem mächtigsten und bedeutendsten Vertreter der herrschenden Dynastie als die der Karolinger zu bezeichnen pflegen, umfaßt von der Begründung ihrer Herrschaft bis zur Erhebung einer neuen Dynastie im Deutschen Reiche mehr als zwei Jahrhunderte: die Zeit vom Ende des 7. bis in den Anfang des 10. Jahrhunderts. Auch für die Art und den Inhalt geschichtlicher Überlieferung sind beide Ereignisse bedeutungsvoll gewesen.

Erst im Verlaufe von drei Generationen, bis zum Ende des 8. Jahrhunderts, ist die Mehrzahl derjenigen Stämme und Gebiete, mit deren selbständiger politischer Gemeinschaft nach dem Tode Ludwigs des Frommen seit dem Vertrage von Verdun 843 die eigentliche *deutsche* Geschichte beginnt, teils in wiederholten *Kämpfen* dem Reiche wieder angefügt, teils ganz neu hinzugebracht und nach und nach völlig einverleibt worden. Der Charakter dieses Reiches ist und bleibt durch die Herrschaft des fränkischen Stammes, wie sie von Chlodwig und seinen Nachfolgern begründet war, bestimmt. Von fränkischer Seite, d. h. aus dem Lager des Siegers, stammt auch fast durchgängig, soweit es sich nicht um lokale Ergänzungen oder kurze annalistische Notizen handelt, die Überlieferung von dieser Wandlung und Ausdehnung des merowingischen zum karolingischen Reiche. Fränkischen Charakter trägt die Verfassung und Verwaltung dieses Reiches. Und fränkischen Charakter trägt ebenso überwiegend auch die geschichtliche Überlieferung nach Ursprung und Wesen, nicht nur für die Zeiten der Reichseinheit, sondern auch seit der Aufteilung des Reiches für die ersten Jahrzehnte des ostfränkischen, d. i. des *deutschen Königtums.* Mit dem Ausgang der Dynastie hört der fränkische Charakter der Geschichtsschreibung für ein Jahrhundert auf.

Aber freilich sehr verschieden nach Umfang und Inhalt, nach Art und Wert ist die Summe der uns zur Verfügung stehenden Überlieferung für die einzelnen Abschnitte der ganzen karolingischen Periode. Die Herrschaft Karls des Großen bezeichnet den Höhepunkt ihrer Entwicklung. Und weitaus am reichlichsten und ergiebigsten fließt für diese Jahrzehnte der Strom geschichtlicher Quellen. Unvergleichlich besser sind wir nach vielen Richtungen hin für diesen Zeitabschnitt unterrichtet als für den größten Teil der Herrschaftszeit des sächsischen Hauses, ja für manche Abschnitte noch der salischen und staufischen Zeit. Die Bedeutung der kulturellen Entwicklung, die an Regierung und persönliche Bemühungen Karls des Großen anknüpft, tritt auch hierin einleuchtend zutage. Um so stärker ist der Kontrast, sobald wir uns den Zeitabschnitten zuwenden, die seiner Herrschaft vorangehen, oder den Jahrzehnten, in denen sich der Auflösungsprozeß erst der fränkischen Gesamtmonarchie und sodann des deutschen Ostreiches vollzieht. Für beide Zeiten gilt das nämliche: in den schweren inneren Parteikämpfen und äußeren Bedrängnissen fehlen würdige Objekte und notwendige Ruhe für umfassende Geschichtsaufzeichnungen. Nur dürftige Aufzeichnungen geben uns Kunde; selbst die wichtigsten Ereignisse werden kaum oder gar nicht erwähnt (z. B. der Tod Ludwigs des Kindes oder das Ende der merowingischen Dynastie). Die regelmäßige Tätigkeit der Regierung wird immer unzulänglicher, sie findet keinen schriftlichen Niederschlag. Nur in schattenhaftem Umriß lassen sich die bedeutsamsten Vorgänge oft mehr ahnen als klar erkennen. Die literarische Tätigkeit auf allen Gebieten verstummt mehr und mehr. Materielle und geistige Kultur verfallen ebenso wie die staatlichen Ordnungen; künftige Geschlechter müssen sie sich mühsam aufs neue erringen.

So ist es mit der geschichtlichen Überlieferung für das Ende des 9. Jahrhunderts bestellt. So aber auch für jene Zeiten des 7. Jahrhunderts, in denen das Geschlecht, aus dem die Karolinger hervorgegangen sind, seine Herrschaft im Merowingerreich begründete, damit die Existenz dieses

Staates rettete und zugleich die Voraussetzung für die deutsche Geschichte schuf.

Schon auf die erste wichtige, neuerdings wieder vielumstrittene Frage nach dem *Ursprung* des emporkommenden *Geschlechts,* nach seiner Nationalität, seiner völkischen Zugehörigkeit versagt die historische Überlieferung jener Tage die Antwort. Die Befragung der Urkunden zeigt uns den ursprünglichen Familienbesitz des Hauses im Moselgau und in Ripuarien, d. h. im Herzen von Austrien: das Geschlecht Karl Martells ist germanisch. Der Mannesstamm ist mit Sicherheit, der mütterliche Stammbaum mit größter Wahrscheinlichkeit rein germanisch.[4])

In den langen erbitterten und wechselvollen Kämpfen der großen Geschlechter um die beherrschende Macht in den merowingischen Teilreichen und schließlich für die Gesamtmonarchie waren Pippin der Mittlere und zuletzt Karl Martell Sieger geblieben. Die Einzelheiten dieser Kämpfe, ihre Ursachen und ihr Wesen sind nur mangelhaft zu erkennen. Die Quellenkunde für die merowingische Epoche muß sich mit sehr unzulänglichem Material begnügen. Die römische Kultur und Literatur, welche die Franken in Gallien vorgefunden hatten, war seit dem Beginn des 6. Jahrhunderts schnellem Verfalle erlegen. Die weltlichen Schulen gingen ein. Bischofs- und Klosterschulen allein vermittelten die Bildung, auch für Laien, in erster Linie aber für den Klerus. Hand in Hand damit ging andererseits die Barbarisierung der ganzen Anschauungsweise und der Sprache (Vulgärlatein). Eine Zeitlang ringen beide Kulturen miteinander, bald unterliegt die klassische. Einer ihrer letzten Vertreter ist Venantius Fortunatus,[5]) von dem wir außer Gedichten und Heiligenleben eine kurze Schilderung vom „Untergange des Thüringerreiches" besitzen.

Erst allmählich setzt sich im fränkischen Reiche das Bewußtsein durch, daß die alte Welt zugrunde gegangen ist

---

4) Jahrbücher der deutschen Geschichte: Bonnell, Die Anfänge des Karolingischen Hauses, 1866. H. Aubin, Die Herkunft der Karolinger in „Karl d. Große oder Charlemagne". 1935.

5) Geboren zwischen 530 u. 540 in Oberitalien, später am fränkischen Hofe u. Bischof von Poitiers, † um 600; s. Werke s. DW 5235.

und eine neue Zeit begonnen hat. Am langsamsten in den Randgebieten.

Der Bischof Marius von Aventicum[6]) († 594) zählt in der kleinen Weltchronik,[7]) die eine Fortsetzung der Chronik des Aquitaniers Prosper von 455—581 — ein späterer Anhang reicht bis 624 — sein will, noch nach byzantinischen Kaisern. So kurz und dürftig die Arbeit ist, bleibt sie doch bei dem Fehlen anderer Quellen durch die Mitteilung von wichtigen fränkischen und namentlich burgundischen Ereignissen von Wert.

Der eigentliche Repräsentant aber der merowingischen Zeit in der zweiten Hälfte des 6. Jahrhunderts in Person und Geschichtschreibung ist Gregor von Tours, eigentlich Georgius Florentius.[8])

Aus vornehmster Familie der Auvergne um 540 geboren, wird er früh Geistlicher und 573 Bischof von Tours, dem angesehensten Bistum des ganzen Reiches († 594). Kraft seiner Stellung schon wird er in die dynastischen Kämpfe hineingezogen. Vielfach ist er schriftstellerisch tätig gewesen (über den Lauf der Sterne, über die Wunder, Heiligenleben). Ganz besonders wichtig aber ist, daß er in einem umfangreichen Werke uns die Geschichte seiner Zeit beschrieben hat. Das sind die „Zehn Bücher Geschichten" (Historiarum libri X), die man früher nach der Angabe mancher Handschriften auch „Fränkische Kirchengeschichte" (Historia ecclesiastica Francorum) oder auch „Die Taten der Franken" (Gesta Francorum) genannt hat.[9]) Das erste Buch beginnt mit Adam, das zweite mit der Eroberung Galliens durch die Franken. Da Gregor sich wesentlich auf mündliche Tradition stützt, tragen auch die nächsten Jahrzehnte seiner Erzählung außer unsicherer Chronologie einen stark sagenhaften Charakter, bis mit dem vierten Buch (bis 575, Tod Sigeberts) die Zeiten erreicht sind, die Gregor mithandelnd erlebt hat. Er bietet nicht eine zusammenhängende Geschichtserzählung, wohl aber,

---

[6]) Avenches im Kanton Waadt, nördlich vom Genfersee; der Bistumssitz ist später von A. nach Lausanne verlegt worden.

[7]) Herausgegeben von Mommsen in MG AA XI, S. 232—239; über M. und sein Werk: W. Arndt (Potthast I, 768): DW 5234.

[8]) Gregor nennt er sich nach einem Oheim, der Bischof von Langres war.

[9]) Ausgabe: MG SS rer. Merov. I, 1884 (v. W. Arndt) 2. A. v. Br. Krusch, 1937—51. Ausg. v. H. Omont n. G. Collon, 2 Bde., Paris 1886—1893; 2. A. v. R. Poupardin, 1913; neue Ausg. nach Krusch von R. Buchner mit Übers. nach Giesebrecht, 2 Bde., 1955—56 (Frhr. v. Stein-Gedächtnisausgabe, 2/3.) Übers.: Geschichtsschr., 8 u. 9 v. W. Giesebrecht, 4. A. v. S. Hellmann, 1911—13; s. auch: Loebell, Gr. v. T. u. s. Zeit, 2. A. 1866; Molinier I, 55—63; DW 5232.

unter annalistischer Gliederung, in buntem Durcheinander mit einer Fülle einzelner, charakteristischer Vorgänge, bei denen Tours und die Dynastie im Vordergrunde stehen, ein höchst anschauliches Bild der grauenvollen Verwilderung einer entarteten Zeit, deren Einwirkung auch Gregor, so sehr er sich als Römer fühlt, in Denkweise und Sprache[10]) sich nicht entziehen kann. Hier haben wir nicht ein Zeichen persönlicher Ungebildetheit, sondern das lebendige Vulgärlatein jener Tage vor uns, bei deren schlichter, lebendiger, kunstvoller Darstellung Gregor aus Kritiklosigkeit und Leichtgläubigkeit wohl mannigfache Irrtümer unterlaufen, die aber, ohne die eigene Stellungnahme zu verhehlen, zweifellos aus wahrheitsliebender Gesinnung hervorgeht und besonders auch durch ihre kirchliche Färbung für jene Zeiten durchaus charakteristisch ist. Das Werk ist wohl allmählich in den siebziger und achtziger Jahren des 6. Jahrhunderts entstanden und in den sechs ersten Büchern nachträglich überarbeitet worden.

In seiner ganzen Bedeutung als Geschichtsquelle zeigt sich uns Gregors Werk erst durch die Lücke für unsere Kenntnisse, die mit seinem Ende (591) einsetzt. Wohl haben wir für die Zeiten des 6. und 7. Jahrhunderts die umfangreiche Literatur der *Heiligenleben.*[11])

Aber das sind nicht geschichtliche Biographien, sondern Erzählungen zu religiöser Erbauung, meist erheblich, zum Teil um Jahrhunderte später geschrieben, schon in ihren ältesten Formen durchsetzt mit legendarischen Motiven, die in den vielfachen späteren Überarbeitungen, welche uns häufig allein erhalten sind, in immer verstärktem Umfange hervortreten: nicht die Taten der Heiligen zu ihren Lebzeiten, sondern die Wunder, die sie nach ihrem Tode wirkten, sind zumeist der vornehmste Gegenstand der Darstellung. Nicht wenige dieser Schriften sind jetzt als spätere Fälschungen enthüllt. Trotz alledem ist diese Literatur für die Erkenntnis jener Zeiten unentbehrlich; einmal um der Anschauungen willen, die in ihnen als damals weite Kreise beherrschend und von dem vornehmsten Träger der zeitgenössischen Bildung gepflegt zutage treten. Außerdem aber enthalten sie doch großenteils einen historischen und manchmal sogar historisch wichtigen Kern — um so wichtiger bei dem übrigen Mangel an Quellen —, den es in methodischer Untersuchung her-

---

10) Bonnet, Le latin de Grégoire de Tours, 1890.

11) K. A. Bernoulli, D. Heiligen der Merowinger, 1900; H. Delehaye, Les légendes hagiographiques, [4]1955; K. Weber in Stud. Mitt. z. Gesch. d. Benediktinerordens 48, 1930, 347 ff., weitere Lit. DW 3465.

auszuschälen gilt. Mühsamer und entsagender Arbeit verdanken wir die Ausgabe dieser hagiographischen Literatur in den Monumenta Germaniae[12]) in erster Linie Krusch u. Levison. Selbstverständlich hat es bei einer so schwierigen Materie an lebhaften wissenschaftlichen Kontroversen über Methode und Ergebnisse nicht gefehlt. Die meisten dieser Heiligen sind natürlich Glieder der Kirche, aber vielfach in weltliche Händel verstrickt. Doch ist ihr Charakter im Laufe der Zeiten wechselnd. Bis zum Ende des 6. Jahrhunderts stehen romanische Gallier, namentlich Träger bischöflicher Würden im Vordergrunde. Neben ihnen erscheinen im 7. Jahrhundert die Vertreter der iroschottischen Mission (die Heiligen Columba, Gallus, Emmeram, Corbinian usw.), während seit dem Ende des 7. und dem Beginne des 8. Jahrhunderts die angelsächsischen Missionare das Übergewicht erlangen.[13])

Weit ergiebiger aber und wichtiger als Geschichtsquelle für die Zeiten, die auf Gregor von Tours folgen, sind doch trotz aller Knappheit die wenigen aus einer reicheren Literatur erhaltenen Werke, die uns geschichtliche Kunde überliefern wollen und die uns, freilich lückenhaft genug, durch das siebente und die ersten Jahrzehnte des achten Jahrhunderts den Weg weisen.

Hierher gehören vor allen Dingen die Nachrichten, die in ihrer Gesamtheit seit dem großen Philologen J. J. Scaliger (1598) unter dem in den Handschriften nicht vorkommenden Namen des *Fredegarius Scholasticus* gehen.

Krusch hatte 1882 (NA 7) nachgewiesen, daß wir in dieser Chronik nicht ein einheitliches Werk vor uns haben: im Anschluß an ältere Chroniken und Gregor von Tours (Buch 1—6) seien auf burgundischem Gebiet zeitgenössische Aufzeichnungen von einem Verfasser A niedergeschrieben bis 624; ein Fortsetzer B habe später zugleich (642) Zusätze gemacht; schließlich sei um 658 von einem Austrasier C das Werk mit Zusätzen und weiterer Fortsetzung versehen. Diese scharfsinnig durchgeführten Aufstellungen fanden fast allgemein grundsätzliche Zustimmung.

[12]) MG SS rer. Merov. B. 3—7. 1896—1920. DW 5157 f. (wo weitere Lit.), u. Acta Sanctorum der Bollandisten, bes. auch d. Supplément aux Acta Sanctorum von C. Narbey, 2 Bde., 1899—1912, DW 3242; dazu die Bibliotheca hagiographica latina, ed. Socii Bollandiani 2 Bde. 1898—1901, Suppl. 2. A. 1911.

[13]) Einige dieser Heiligenleben: Jonae (von Bobbio) Vitae SS Columbani, Vedastis, Johannis sind v. B. Krusch, 1905 in d. MG SS rer. Germ. i. u. sch. herausgegeben.

Die Versuche von F. Lot u. M. Baudot, doch nur einen Kompilator gelten zu lassen, fanden keine Anerkennung. Dann hat S. Hellmann (HVS 29 1934) als den hauptsächlichen Verfasser den Autor B — der wohl Mitglied der Königlichen Kapelle gewesen sei — zu erweisen unternommen, die austrasische Bearbeitung aber ganz gestrichen.[14])[15])

Auf den sogenannten Fredegar folgt eine lange Unterbrechung. Erst um das Jahr 727 ist in Neustrien eine Aufzeichnung niedergeschrieben, die man früher Gesta (regum) Francorum nannte und jetzt als *Liber historiae Francorum*[16]) bezeichnet.

Es ist nach Fredegar die einzige freilich sehr magere Quelle. Vor 737 ist sie von einem Austrasier[17]) überarbeitet und fortgesetzt worden: diese Fortsetzung kennen wir nur in weiterer Überarbeitung als sog. 1. Fortsetzung Fredegars.[18])

Die Befestigung der Herrschaft der Pippiniden durch die machtvolle Persönlichkeit Karl Martells, die Wiederherstellung und Befriedung des Gesamtreiches konnte auch auf die Überlieferung der kampferfüllten, großen und glücklichen Begebenheiten nicht ohne Einfluß bleiben. In den Kreisen der neuen, tatsächlichen Gebieter erwachte das Bedürfnis, die Erhebung und die Taten ihres Hauses zu verherrlichen. Da hat der Bruder Karl Martells, Oheim Pippins, Childebrand, eine Darstellung veranlaßt, welche den sogenannten Fredegar und den Liber historiae Francorum mit seiner Fortsetzung im karolingischen Sinne überarbeitete und fortsetzte, woran sich bald eine zweite Fortsetzung bis zur Erhebung Pippins zum König und später, auf Anregung von Childebrands Sohn Nibelung, eine dritte

---

14) Krusch hat 1926 darauf hingewiesen, daß der Verfasser von Beatus Rhenanus 1531 als Oudarius bezeichnet wird, was Krusch als verlesen aus Udatius = Idatius (Hydatius) deutet, aus dessen Chronik Teile in den sog. Fredegar übernommen sind. Über ihn s. Wattenbach-Levison, 1. Heft, 84.

15) *Ausgabe:* MG SS rer. Merov. II 1888 (grundlegend) v. Krusch; Übers.: Geschschr. 14 3. A. 1888. — Weitere Lit. bei DW 5236; dazu Hellmann HVS 29, 1934. Levison DLZ 1927.

16) Ausg. MG SS rer. Merov. II 1888; DW 5238.

17) Dieser glaubte irrtümlich ein Werk des Gregor von Tours vor sich zu haben und nannte es daher Liber s. Gregorii Toronis epi gesta regum Francorum.

18) Von anderen Quellen, die aus der Merowingerzeit sein wollen, sind die Gesta Dagoberti eine unzuverlässige, im 9. Jahrh. in St-Denis entstandene Kompilation; der sog. Aimoin (aus dem 11. Jahrh.) ist ohne jeden Wert.

Fortsetzung bis zu Pippins Tod (768) schloß. Alle diese drei Arbeiten faßt man unter dem Titel *Continuator Fredegarii*[19]) zusammen. Man hat sie wohl auch, nicht mit Unrecht, als Familienchronik des karolingischen Hauses bezeichnet (so Wattenbach und Mühlbacher). Daher trägt dies Werk, dessen letzter Teil den einzigen gleichzeitigen Bericht über die Königszeit[20]) Pippins gibt, einen mindestens offiziösen Charakter, mit den damit naturgemäß verknüpften Vorzügen (Fülle und Zuverlässigkeit des Materials) und Nachteilen: der Verschweigung dessen, was ungünstig und unangenehm für die Machthaber ist, hier z. B. der durch Grifo veranlaßten Empörungen. Bezeichnend ist, daß auch von der Tätigkeit des Bonifatius keine Rede ist.

Die Wirksamkeit des Bonifatius tritt aber auch sonst in der Berichterstattung jener Tage keineswegs genügend hervor. Und doch ist die durch ihn durchgeführte Organisierung der fränkischen Kirche auf deutschem Boden, namentlich in der Verknüpfung mit Rom, von unermeßlicher Bedeutung für alle Folgezeit geworden. Daher ist sein uns erhaltener *Briefwechsel*, die Korrespondenz sowohl mit den angelsächsischen Klerikern als besonders die mit den Päpsten gepflogene von allergrößtem Werte,[21]) u. a. auch für die kirchenrechtlichen Verhältnisse jener Zeiten. Die Biographie des Bonifatius von dem Mainzer Presbyter Willibald,[22]) die wohl von Lul und anderen Geistlichen

---

19) Ausg.: MG SS rer. Merov. II, 1888 (v. B. Krusch); Lit.: DW 5286.

20) Eine interessante Aufzeichnung über die Königskrönung Pippins und seiner Söhne 754 in St.-Denis durch P. Stephan II., die sog. *clausula* de unctione Pippini hat M. Buchner als Fälschung erweisen zu können gemeint (1926), hat aber trotz wiederholter Bemühungen durchgängig von deutscher, aber auch von franz. Seite Widerspruch gefunden: s. DW 5287.

21) Brauchbare Ausgaben von Jaffé, Bibliotheca rer. Germ. III u. von Dümmler (MG EE III). Neueste und beste Ausg. von M. Tangl in MG EE sel. I, 1916; deutsche Übersetzung (in Auswahl) mit wertvoller Einleitung auch von T. in den Geschichtsschr., Bd. 92, 1912. Wichtig und lehrreich sind auch T.'s kritische Anmerkungen, insbesondere über die Verwertung namentlich kurialer Formulare in den Schriftstücken der Kurie. Willibald hat die Briefsammlung des Bonifatius in noch reicherer Fassung benutzt, als wir sie haben (s. Tangl in Abh. d. Berliner Akad. 1919). S. auch DW 5180. Auch grammat. u. poetische Werke haben wir von Bonifatius: Opera ed. Giles 2 Bde. London 1844. DW 5179.

22) Nicht von dem Bischof v. Eichstätt gleichen Namens; abgeschlossen spätestens 768.

schätzenswerte Nachrichten enthält, vor 768 begonnen, aber erst später vollendet, schiebt, wenn auch von Wundererzählungen sich freihaltend, die rein kirchlichen Momente, die Anfänge seines Wirkens in Friesland und besonders den Märtyrertod in den Vordergrund.[23])

Im übrigen tritt von dieser Zeit an die Hagiographie durchaus an Umfang und Bedeutung zurück. Die großen weltlichen Kämpfe stehen auch für die Zeitgenossen im Vordergrund des Interesses, selbst in den Klöstern.

Hier in den Klöstern war inzwischen die neue Quellengattung aufgekommen und entwickelt, welche die angelsächsischen Missionare im Anschluß an die Ostertafeln auf den Kontinent mitgebracht hatten: die *Annalistik*.

Höchst dürftig und lückenhaft waren diese Annalen, wie erwähnt,[24]) in ihren Anfängen, die in unverkennbarem Zusammenhange mit der Erhebung des karolingischen Hauses stehen[25]) und nun in größeren oder kleineren Partien durch Abschriften in mannigfachem Wechsel von Kloster zu Kloster wandern. Seit der Mitte des 8. Jahrhunderts ersteht eine Fülle solcher annalistischer Aufzeichnungen, von denen immer mehrere für kürzere oder längere Abschnitte unzweifelhaft in einer Abhängigkeit voneinander stehen, welche doch im einzelnen sich nicht entwirren läßt. Man wird sich daher damit begnügen, sie nach gewissen Verwandtschaftsgruppen zusammenzustellen. Dafür hat Pertz im 1. Band der MG zuerst mit sicherer Hand die Grundlage[26]) gelegt, die inzwischen durch nachträgliche Funde[27]) erhebliche Korrekturen erfuhr.

---

[23]) Noch viel mehr natürlich ist das in den späteren Viten des Bonifatius, die auf dieser beruhen, der Fall. Doch hat von ihnen die in den sechziger Jahren des 11. Jahrh. von Otloh, Mönch in St. Emmeram, während seines Aufenthaltes in Fulda verfaßte Überarbeitung eigenen Wert durch die Zusätze namentlich brieflicher und urkundlicher Art aus dem Fuldaer Archiv (s. dazu Tangl in d. Übers. S. XXXI). Die Vitae Bonifatii sind in MG SS rer. Germ. i. u. sch. (1905) von W. Levison herausgegeben. Übers. d. Vitae mit wertvoller Einl. üb. ihre Entstehung u. ihren Quellenwert v. M. Tangl in Geschichtsschr. 13, 3. A., 1920.

[24]) Siehe darüber im allgemeinen S. 34 ff.

[25]) Das geht gerade daraus hervor, daß die ältesten Notizen, die fast durchweg bedeutsame Ereignisse des karolingischen Hauses berühren, zweifellos nachgetragen sind; meist beginnen sie mit 687 (dem für die Machtstellung des Hauses entscheidenden Siege Pippins bei Tertry).

Die Bezeichnungen, welche diese kleinen Annalen heutzutage führen, sind mannigfachen Ursprungs. Zum Teil weisen die Nachrichten mit Sicherheit auf den Entstehungsort hin: Laurissenses (Lorsch), Iuvavenses (Salzburg), Fuldenses, oder es finden sich doch Notizen, die dahin zu weisen scheinen, z. B.: Tod eines Abts: Ann. S. Amandi (im Hennegau). Manchmal hat der Fundort der ältesten Handschrift zur Benennung geführt: Bertiniani (St-Bertin in St-Omer, s. S. 122), Guelferbytani (Wolfenbüttel), Maximiani (St. Maximin bei Trier) oder der Name des ältesten nachweisbaren Besitzers der Handschrift: Petaviani (Pétau), Loiseliani, Tiliani (du Tillet); häufig läßt sich nur im allgemeinen die Gegend der Provenienz umschreiben (Alamannici, Mosellani). Auch stammen andererseits mehrere Aufzeichnungen mit verschiedenen Namen aus demselben Orte: aus Lobbes (Diözese Lüttich): Lobienses und Laubacenses; aus Lorsch: Laureshamenses, Laurissenses minores, Nazariani.

Daß über ihre Beziehungen lebhafte, noch keineswegs ausgeglichene Meinungsverschiedenheiten entstanden sind, ist um so begreiflicher, da die ursprünglichen Formen in manchen Fällen uns fehlen und die Verschlingung der Nachrichten, wie sie an der in dieser Zeit meist ganz oder fast wörtlichen Entlehnung sich deutlich erkennen läßt, bei dem lebhaften Verkehr der Klöster in karolingischer Zeit sehr weitgehend ist. Eines scheint allen diesen sogenannten „kleinen Annalen" gemeinsam: der klösterliche Ursprung. Sie sind in den Klöstern, den Sitzen der Bildung und literarischer und wissenschaftlicher Bestrebungen, aufgezeichnet worden. Bei den regen Beziehungen, die die Klöster großenteils zum Hofe Pippins und Karls des Großen hatten, mögen viele Nachrichten von hier aus übermittelt sein. Aber der Versuch, der gemacht worden ist, sie alle mehr oder weniger als Auszüge aus angeblich vorhanden gewesenen und völlig verschollenen sogenannten Hofannalen[28]) herzustellen, ist verfehlt und darf heute als überwunden gelten.

26) Pertz hatte zwei Gruppen geschieden: a) Die Ann. S. Amandi, Tiliani, Laubacenses, Petaviani; b) die Ann. Laureshamenses, Nazariani, Guelferbytani, Alamannici.

27) Insbesondere die Annales Maximiani und Mosellani.

28) So R. Arnold (1878) u. J. Bernays (1883). (S. DW 5288). Sie sollten später durch die Ann. Laurissenses maiores (s. S. 104 f.) verdrängt worden sein.

Wir unterscheiden nach Entstehungs- und hauptsächlichen Verbreitungsgebieten, deren Grenzen freilich hier und da zweifellos übersprungen sind, am besten drei Gruppen:

1. diejenigen Annalen, deren Heimat wohl ungefähr das Gebiet des heutigen Belgien ist: ihren ältesten Typus erblickt man in den Annalen von S. Amand (687) 708—810; dazu gehören z. B. die Annales Tiliani und Laubacenses;

2. diejenigen, deren Ursprung im Moselgebiete und am Rhein zu suchen ist: dahin gehören vor allen Dingen die von Lappenberg in St. Petersburg gefundenen Annales Mosellani und die Annales Laureshamenses, die von 785 in zunehmender, über den Rahmen der übrigen sog. kleinen Annalen weit hinausgehender Ausführlichkeit eine wichtige Darstellung der Ereignisse bis 803 von selbständigem Werte enthalten;[29])

die Ann. Petaviani verbinden diese beiden Gruppen bis 771 mit einer Fortsetzung bis 799;

3. eine Gruppe von Annalen mit Nachrichten oberdeutscher, alamannischer Herkunft, welche außer Aufzeichnungen aus Reichenau und St. Gallen vor allen Dingen durch die Annales Guelferbytani (S. 101) repräsentiert werden, die jedenfalls für die Zeit von 741—790 aus dem Kloster Murbach (am Großen Belchen bei Gebweiler im Oberelsaß) stammen. In diese Gruppe gehören noch die Ann. Nazariani u. Alamannici.

Was diese „kleinen Annalen" uns berichten, sind vor allen Dingen Nachrichten über Kriegszüge, über sonstige Unternehmungen der Hausmeier und Könige, Begebenheiten, die für das eigene Kloster von Bedeutung sind, namentlich Abtswechsel, Feuersbrünste u. dgl., auch Unglücksfälle und Naturereignisse, alles in kürzester Fassung. Bei den Entlehnungen durch andere Annalisten wurden diese Nachrichten dann wörtlich oder doch fast wörtlich, manchmal mehrere Vorlagen verschmelzend, übernommen.

Eine neue kritische Ausgabe der gesamten kleineren Annalen der karolingischen Epoche ist längst ein dringendes Bedürfnis und in Angriff genommen.[30]) Der Ausführung aber haben sich für eine sichere Abhängigkeits- und Textgewinnung infolge neu sich erhebender weitgehender Meinungsverschiedenheiten immer noch unüberwindliche Schwierigkeiten in den Weg gestellt.

---

29) Leo Pander, Unterss. z. d. kleinen Annalen d. Karolingerzeit, insbes. z. d. Ann. Mosellani u. Laureshamenses. Diss. Heidelberg 1939.

30) Für die SS rer. Germ. i. u. sch.; vgl. F. Kurze NA 25, dessen Konstruktionen freilich z. T. viel zu künstlich und mit großer Vorsicht aufzunehmen sind.

Im großen und ganzen umfaßt diese Annalistik mit ihrer Berichterstattung das ganze 8. Jahrhundert und reicht bis in die Anfänge des 9. Jahrhunderts hinein; in dessen Verlaufe sind dann natürlich an manchen Orten Fortsetzungen angeschlossen worden, die aber in den eigentlichen, für die Überlieferung des 8. Jahrhunderts charakteristischen Kreis ebensowenig hineingehören, wie — abgesehen von einzelnen Bestandteilen, namentlich aus verlorengegangenen Quellen — die als Annalen bezeichneten Kompilationen des 9. Jahrhunderts, wie die Annales Mettenses oder das sogenannte „Verlorene Werk".[31])

Daß die Annales Mettenses in der zunächst allein bekannten Form im wesentlichen nur eine — vermutlich in Metz entstandene, bis 830 reichende — Kompilation aus älteren Quellen, zum großen Teil für das 9. Jahrhundert ein Auszug aus den Reichsannalen sind, hatte man längst erkannt. Und zwar setzte sich bei der Vergleichung mit einer Anzahl im Laufe der 2. Hälfte des 19. Jahrhunderts aufgetauchter Annalenfragmente die Anschauung fest, daß ihnen allen eine uns nicht mehr erhaltene ältere Kompilation ganz oder zum Teil zugrunde liege. Diese wurde von Kurze als das *„Verlorene Werk"* (VW) bezeichnet, das, wie er freilich unzutreffend annahm, in St. Denis, vermutlich von dem Abt Fardolf verfaßt sein und bis 805 gereicht haben sollte. Schon einige Jahre vorher (1895) hatte K. Hampe in der Kathedralbibliothek in Durham[32]) eine bis 830 reichende annalistische Aufzeichnung gefunden, in der wir zweifellos die vermißte Quelle vor uns haben, die, 688 beginnend, in sehr ungleicher Ausführlichkeit vielleicht einmal nur bis 805 gereicht hat, dann aber unter wörtlicher Ausschreibung der Reichsannalen von 806—829 fortgesetzt und mit einem selbständigen Schluß um 830 versehen ist. Sie bildet außer vielfacher Benutzung an anderer Stelle die Grundlage der uns bisher bekannten *Annales Mettenses* (jetzt posteriores) und ist daher, da auch ihr Ursprung auf Metz hinweist, von B. v. Simson als *Annales Mettenses priores* herausgegeben.[33])

---

[31]) H. Hoffmann, Studien z. karoling. Annalistik, 1958.

[32]) In England.

[33]) Ausg. MG SS rer. Germ. i. u. sch. 1905. Über die benutzten Quellen (bes. Cont. Fred. u. Ann. regni Franc.), die Art der Benutzung u. den vielfach mehr als zweifelhaften Wert der sonst nicht bekannten Nachrichten s. Simson in d. Einl. der Ausgabe. — DW 5294. S. auch Simson in NA 24 u. 25.

Eine andere große Kompilation aus dem 9. Jahrhundert, die, bis auf das 4. Jahrhundert zurückgreifend, für die karolingische Zeit im wesentlichen auf der uns sonst bekannten Annalistik beruht, doch auch gelegentlich für die letzte Zeit eigene Nachrichten zeigt, ist das nach dem Fundort der Handschrift so genannte *Chronicon Moissiacense* (bis 818 bzw. 840).[34])

So dürftig diese ganze bisher berührte Annalistik in ihren Angaben, insbesondere für die erste Hälfte des 8. Jahrhunderts, ist, so liegt doch ihre Bedeutung neben der Summe einzelner Angaben vor allen Dingen darin, daß sie uns das feste Rückgrat für die chronologische Fixierung der wichtigsten Ereignisse jener Jahrzehnte gewährt.

Von ihnen allen unterscheidet sich nun nach Umfang, Wesen und Inhalt ein Annalenwerk, das in seinem Anfange dem letzten Viertel des 8. Jahrhunderts angehört und in seinen Nachrichten mit 741 (Ausgang Karl Martells) einsetzt. Es beruht zunächst überwiegend auf den kleineren Annalen oder dem Fortsetzer Fredegars, bringt zum Teil auch schon selbständige Nachrichten, gewinnt seit dem Anfang des 9. Jahrzehnts zunehmende Ausführlichkeit und ist damals wohl begonnen. Diese Annalen bieten eine nach Jahren abgegrenzte Erzählung von größter Wichtigkeit bis zum Jahre 829, d. i. dem Beginne der offenen Kämpfe um die Reichseinheit. Diese Quelle, weitaus die umfangreichste aus jener Zeit, die man früher bald als Annales plebei (um ihrer unentwickelten Sprache willen) oder Loiseliani (S. 101) bezeichnet hatte, führte seit der Ausgabe von Pertz[35]) den Namen *Annales Laurissenses maiores,*[36]) weil die älteste Handschrift nach ihrem Ursprung ins Kloster Lorsch (bei Worms) zu weisen schien.

Da hat dann Leopold Ranke in einer berühmten Abhandlung[37]) im Jahre 1854 darauf aufmerksam gemacht, daß nach der Reichhaltigkeit seiner Nachrichten, der Auswahl dessen, was er

[34]) Ausg.: MG SS I 280—313, dazu II 257 ff. 1826. Moissac in der Diözese Cahors (Südfrankreich).

[35]) Ausg.: MG SS I u. II (verbesserter Text für 804, 813).

[36]) Zum Unterschiede von den auch in Lorsch entstandenen Ann. Laur. minores: diese chronikalische Kompilation ist als der erste Versuch einer karolingischen Geschichtsdarstellung auf Grund der gleichzeitigen Annalen bezeichnet worden; Waitz hat sie daher als *„Kleine Lorscher Frankenchronik"* bezeichnet und herausgegeben, s. Potthast I, 74.

bringt und andererseits verschweigt (z. B. zu 782), der ganzen Form und Art der Berichterstattung der Verfasser dieser Annalen nicht in einem Kloster zu suchen sei. Vielmehr schienen ihm die „gute Kunde und große Zurückhaltung fast auf eine offizielle Abfassung zu deuten", und zwar von einem „in den Weltgeschäften erfahrenen und mit dieser Tätigkeit vielleicht speziell beauftragten Geistlichen", „der die Notizen am Hofe selbst aufgesetzt hätte". Diese Auffassung von einem *offiziellen* oder *offiziösen Ursprung* der sog. Annales Laurissenses maiores, die bei Ranke noch in vorsichtiger Weise gefaßt war, fand bald allgemeine Zustimmung und nahm, insbesondere durch die Autorität von Waitz und Wattenbach, immer bestimmtere Formen an. Erst 1880 wandte sich Heinrich von Sybel in einem ungemein heftigen Angriffe gegen diese Anschauung und trat nachdrücklichst für den nicht offiziösen Charakter und klösterlichen Ursprung dieses Werkes und — auf die Einwendungen Bernh. v. Simsons — auch der unter Einhards Namen gehenden Fortsetzung und Überarbeitung ein. Sybels Angriff darf, insbesondere durch Simson, als völlig widerlegt gelten, und an dem offiziösen Charakter und der Entstehung am Hofe ist heute kein ernstlicher Zweifel mehr möglich.[38])

Daher hat Kurze mit Recht für diese Annalen nach Ebrards Vorgang die Bezeichnung *„Fränkische Reichsannalen", Annales regni Francorum,*[39]) eingeführt.

Viel schwieriger aber zu lösen sind zwei andere Fragen, die lange im Vordergrunde der Diskussion gestanden und noch jetzt nicht zu einhelligen Ansichten geführt haben: einmal die Frage nach dem Verhältnis zu der unter dem Namen Einhards gehenden, sachlichen und stilistischen Überarbeitung dieser Annalen und die Frage nach den Verfassern. Beide hängen auf das engste zusammen. Als das Ergebnis der darüber geführten lebhaften,

---

37) Zur Kritik fränkisch-deutscher Reichsannalisten in den Sitzungsberichten der Berliner Akademie, dann in seinen „Abhandlungen u. Versuchen, neue Folge" Sämtliche Werke 51/52.

38) Über diese vielumstrittene Frage orientiert am besten der 2. Exkurs in G. Richters Annalen der deutschen Geschichte II, 1885. Daselbst die nötigen Literaturangaben. Hinzuzufügen ist Simson, Jahrbücher Karls des Großen II, 1883, Exk. 6. — Charakteristisch für den höfischen Ursprung ist namentlich auch die Form der Erwähnung des Herrschers und die regelmäßige Angabe seines Aufenthaltes an den hohen Kirchenfesten.

39) Ausg.: MG SS rer. Germ. i. u. sch. 1895 (unveränd. Neudruck 1930). Nach dieser Ausgabe neuhrsg. v. R. Rau mit dt. Übers. 1955 in: Quellen z. karoling. Reichsgesch. I. (Frhr. v. Stein-Gedächtnis-Ausg. Bd. 5). — DW 5292, s. auch NA 29.

älteren und neueren Kontroversen[40]) wird man bisher folgendes bezeichnen dürfen:

Die Aufzeichnung dieser Annalen am Hofe, für die Jahre von 741 an, hat anfangs der achtziger Jahre des 8. Jahrhunderts begonnen und ist von etwa 786 ab gleichzeitig mit den Ereignissen fortgeführt. Für die ältere Zeit haben bekannte Annalen und sonstige am Hofe erreichbare Nachrichten als Grundlage gedient. Zwischen 794 und 795 (Wechsel von Sprache und Stil) hat ein neuer Bearbeiter das Werk fortgesetzt. Auch weiterhin hat jedenfalls noch mehrfach (808, 813/14, 819/20) ein Wechsel der Verfasser stattgefunden.

Die Überarbeitung in den sog. *Annales qui dicuntur Einhardi,* die durchaus den Einfluß der vor allen Dingen durch Karls Hochschule und Alcvins Bemühungen repräsentierten neuen literarischen „Renaissance", aber auch sachliche Änderungen von Bedeutung (z. B. Niederlage von 782, Verschwörung Pippins 792) zeigt, hat aber nicht, wie man früher fast allgemein annahm, bis 801[41]) gereicht, sondern erstreckt sich über den ganzen Schluß der Regierungszeit Karls des Großen. Und zwar hat diese Überarbeitung nicht, wie Kurze behauptet hatte, erst nach 830 und mit Benutzung von Einhards Karlsbiographie (S. 108 f.) stattgefunden, sondern sie gehört in die ersten Jahre Ludwigs des Frommen.

Daß Einhard, sei es an der ursprünglichen Form, sei es an der Überarbeitung beteiligt war, ist nicht im geringsten zu erweisen oder auch nur zu vermuten.[42]) Für die Autorschaft der einzelnen Teile hat man aus ihrem Inhalte auf eine ganze Anzahl von bekannten Persönlichkeiten schließen wollen und insbesondere (Monod) die Abfassung mit den Leitern der Kapelle (Hofgeistlichkeit) in Verbindung bringen wollen, ohne daß sicherer Nachweis oder allgemeine Zustimmung erreicht wäre. Da in jener Zeit (und noch später) eine personale Scheidung zwischen Kanzlei und Kapelle nicht bestand (Klewitz, Cancellaria in DA I),

---

[40]) Lit.: DW 5292 u. nunmehr v. a. H. Löwe in Wattenbach-Levison, 2. Heft. 1953, 245 f.

[41]) Die verschiedenen Handschriftengruppen enden 788, 813, 829, keine 801, dies Jahr bezeichnet nur die Grenze der Benutzung durch den Poëta Saxo, d. h. eine metrische Bearbeitung der Reichsannalen am Ende des 9. Jahrhunderts.

[42]) Daß die Überarbeitung als Ann. Einhardi bezeichnet wurde, beruht nur darauf, daß diese sich in einer Anzahl von Handschriften im Anschluß an dessen Vita Caroli s. S. 108 f. befand.

so darf man doch wohl daran festhalten, daß die Aufzeichnungen Mitgliedern der Hofkapelle übertragen war, deren Wechsel auch in dem Charakter der Darstellung zum Ausdruck kommt. Jedenfalls bilden diese Reichsannalen in ihrer Gesamtheit die wichtigste erzählende Quelle vom Auftreten Karls des Großen an und haben auch nach der Teilung des Reiches im ostfränkischen Teil ihre Fortsetzung gefunden (S. 120 f.).

Für die Förderung literarischer Bildung und kultureller Entwicklung ist der Einfluß Karls und seines Hofes nicht leicht zu hoch einzuschätzen. Fremde und heimische Gelehrte hat er an sich gezogen und in charakteristischem Unterschiede von der späteren sog. ottonischen sollte diese sog. karolingische Renaissance[43]) der Bildung des ganzen Volkes zugute kommen. Auch für die Geschichtsschreibung ist ihre Einwirkung naturgemäß von größter Bedeutung und auch nicht ohne längere Nachwirkung gewesen. Zwar von dem, der als Haupt des Bildung suchenden und Bildung verbreitenden Kreises am Hofe galt, dem Angelsachsen Alcvin, der, geboren um 730, seit 782 mit Unterbrechungen 20 Jahre am Hofe weilte, seit 790 auch Leiter der Hofschule, und 804 als Abt des Martinsklosters in Tours gestorben ist, haben wir nur eine große Zahl von Briefen[44]) und auch Gedichten,[45]) vielfach theologischen, erbaulichen Charakters, die direkt wenig historisch wichtige Nachrichten enthalten, in ihrer Gesamtheit aber doch für unsere Kenntnis der Kulturverhältnisse jener Epoche und der Atmosphäre am Hofe höchst bezeichnend sind und durch eine Fülle anderer brieflicher und auch poetischer Auslassungen aus den Kreisen der Freunde Karls in wünschenswerter Weise ergänzt werden.

---

[43]) Vgl. neuerdings Paul Lehmann, Das Problem d. karol. Renaiss. in: Il problema della civiltà carolingia. Spoleto 1954, S. 309—358 u. G. Monteverdi, Il problema del rinascimento carolino in: ebenda, S. 359—372.

[44]) Ausgabe der die Gedichte an Quellenwert überragenden Briefe: Jaffé, Bibl. rer. Germ. VI (Mon. Alcuniana u. (v. E. Dümmler) MG EE IV, 1—481; V, 643—645. Die Briefe, von anhänglichen Schülern gesammelt, stammen zum guten Teil aus den letzten Lebensjahren — DW 5332. — Durchaus erbaulichen Charakters, aber nicht ohne schätzenswerte Nachrichten besonders über A.'s erste Lebenshälfte ist eine zwanzig Jahre nach seinem Tode in St. Martin entstandene Lebensbeschreibung; Ausg. bei Jaffé a. a. O. u. MG SS XV. 184—197.

[45]) Ausgabe der Gedichte: Jaffé a. a. O. u. MG Poëtae I.

Unter ihnen sind die Gedichte des aus vornehmer fränkischer Familie stammenden, am Hofe groß gewordenen Angilbert, der in nächsten persönlichen Beziehungen zu Karl dem Großen[46]) stand und seit 789 (Laien-) Abt v. Centula (St-Riquier, Picardie) war, durch viele Gelegenheitsgedichte an Karl und seine Angehörigen für die Erschließung der persönlichen Verhältnisse des Hofkreises und das ganze Leben und Treiben in der Umgebung des Herrschers von Wert. Doch rührt das Angilbert häufig zugeschriebene, willkommene Gedicht (oder Bruchstück) über die Zusammenkunft zwischen Karl und Leo III. 799 schwerlich von ihm her.[47])

In diesem Kreise ist auch ein wenig umfangreiches Werkchen entstanden, das doch in seiner Bedeutung als geschichtliche Quelle gleich neben den Reichsannalen genannt werden muß: die Biographie Karls von Einhard (geboren um 770, seit etwa 794 am Hofe, † 840), dem um seiner unansehnlichen Erscheinung willen viel verspotteten Freunde Karls, der Oberaufseher der königlichen Bauten, zugleich aber einflußreicher politischer Berater gewesen ist.

Nach dem Muster des Suetonius gestaltet und in der Charakteristik mancherlei wörtlich, aber selbständig ihm entnehmend, trägt diese knappe Skizze,[48]) durch und durch von Wahrheitsliebe erfüllt, doch ganz die Züge des großen Herrschers, von dessen Persönlichkeit und Kriegsfahrten vor allem sie berichtet. Sie ist in ihrer Schlichtheit und Unbefangenheit trotz mancher von uns empfundenen Mängel eines der schönsten und charakteristischen Denkmäler einer Epoche, von deren kultureller Höhe die folgenden Generationen für lange Zeit herabgesunken sind.

Während bisher fast allgemein die Abfassungszeit in die ersten Jahre nach Karls Tod, jedenfalls vor 821 gesetzt wurde,

---

46) Seinen Beziehungen zu Karls Tochter Berta entstammen zwei Söhne, von denen einer, Nithard, uns als Geschichtsschreiber (S. 119) wichtig ist.

47) MG Poëtae I. 366—379. Man darf nur nicht übersehen, daß die geschichtlichen und Gelegenheitsgedichte aus der höfischen Umgebung des Herrschers wie auch großenteils ihre Briefe panegyrisch gemeint und gefärbt sind; s. auch Paul Lehmann, Das literarische Bild Karls d. Gr. SB MA phil.-hist. Kl. 1934.

48) Ausg.: v. Holder-Egger in MG SS rer. Germ. i. u. sch. 6. A. 1911. Neudr. 1947. Nach dieser Ausg. neuhrsg. v. R. Rau mit dt. Übers. 1955. (s. S. 105, Anm. 39). 1911; v. Ph. Jaffé, Bibl. rer. Germ. IV (Mon. Carolina) u. sep. 2. A. v. W. Wattenbach 1876; v. A. Holder 1882; v. L. Halphen, Eginhard, Vie de Charlemagne (les classiques de l'hist. de France) 1923. — Übers. in Geschschr. 16. 4. A. (mit Briefen E's) von M. Tangl, 1920. DW 5295. Hellmann, HVS 27. Kleinclausz, Eginhard. 1941. E. Schubert, Studien z. Einhardfrage. Diss. Halle 1952.

hat nach früherer Anzweiflung durch H. Wibel neuestens M. Lintzel aus inhaltlichen Gründen die Abfassung zwischen 830—833 einleuchtend gemacht.[49])

Man hat Einhard, dessen Briefe[50]) auch zu den wichtigeren Quellen gehören, außer kleineren Arbeiten, wie namentlich der für die Anschauungen jener Tage höchst charakteristischen Translatio S. Marcellini et Petri,[51]) d. h. dem Berichte von der Übertragung der Gebeine dieser Heiligen von Rom auf Einhards Besitzungen im Odenwalde und Maingau, auch die Autorschaft von zwei annalistischen, auf den Reichsannalen größtenteils beruhenden Werken, den Annalen von Sithiu (d. i. St-Omer) und Fulda (in ihrem ältesten Teil), zuschreiben wollen,[52]) ohne doch zu festen Ergebnissen gelangen zu können.

Neben Karls gewaltiger Persönlichkeit, von deren lebendiger Nachwirkung die Geschichten Zeugnis ablegen, die noch nach zwei Menschenaltern Notker der Stammler in St. Gallen aufgezeichnet hat,[53]) sind wohl wirklich — und nicht nur für uns — alle die Gehilfen seiner Taten und Vertreter seines Willens völlig in den Schatten getreten. Auch innerhalb des Königshauses: Männer wie Adalhard (Abt von Corbie) und Wala, Vettern Karls,[54]) jener in Italien, dieser in Sachsen in der späteren Zeit Karls als Vertreter des Herrschers, beide sicher nicht ohne politischen Einfluß, den sie nach anfänglicher Ungnade unter Ludwig dem Frommen doch nicht voll wiedergewonnen

---

49) In d. R. Holtzmann-Festschrift: Krit. Beitr. z. G. d. Mittelalters (Eberings Hist. Studien 238) 1933.

50) Einhardi epistolae bei Jaffé (s. S. 107 A. 44) u. in MG EE V.

51) Ausg.: v. G. Waitz in MG SS XV 239—264; dtsch. v. K. Esselborn, Übertragung d. Wunder der hl. Marcellinus u. Petrus (Arch. f. hess. G. NF XV 1926 u. S.A. 1927).

52) Das ist namentlich von F. Kurze — m. E. zu Unrecht — geschehen; s. auch Hellmann HVS 27. Nicht wegen des dürftigen und fast durchweg sonst bekannten Inhalts dieser Annalen ist die Frage von einer gewissen Bedeutung, sondern weil sie in den Untersuchungen über Quellenverwandtschaften eine Rolle gespielt hat.

53) *Monachus Sangallensis* de gestis Karoli magni libri II. Ausg.: MG SS II 731—761 u. Jaffé, Bibl. rer. Germ. IV, 631—700; v. G. Meyer v. Knonau, Mitt. z. vaterl. Gesch. 36, 1918. Neue Ausg. von H. F. Haefele MG SS rer. Germ. N.S. im Druck. Übers.: Geschichtsschr. 26, 5. A. 1911; DW 5197. W. v. d. Steinen, Notker d. Dichter u. s. geistige Welt. 2 Bde. 1947 f.

54) Söhne von König Pippins Bruder Bernhard und einer sächsischen Mutter.

haben.[55]) Ihre von dem als Theologen und Schriftsteller gefeierten Paschasius Radbertus[56]) verfaßten Lebensbeschreibungen[57]) zeigen doch vornehmlich hagiographische Züge; von der politischen Rolle, die sie gespielt haben, ist darin kaum die Rede.

Auf deutschem Boden ist ja die Ausdehnung und Befestigung der fränkischen Herrschaft mit der Ausbreitung des Christentums Hand in Hand gegangen. Die Stifter und Klöster sind Mittelpunkte dieser Bestrebungen. Aber aufgezeichnet ist anfänglich von wichtigen Ereignissen noch wenig, auch in den älteren Pflanzungen Süddeutschlands, wie Reichenau und St. Gallen, oder es ist, wie in Hersfeld, verschollen. Wohl aber ist der reiche Schatz von *Privaturkunden* (im eigentlichen Sinne des Wortes), der sich in manchen Klöstern, namentlich in St. Gallen und Fulda, erhalten hat, für die Abwandlung der sozialen und wirtschaftlichen Verhältnisse in der Karolingerzeit von höchster Bedeutung.[58])

Von den Biographien hervorragender und einflußreicher Kirchenfürsten der Zeit Karls des Großen sind die einen geschichtlich unbedeutend und wohl auch, wie die des Lul (von Lampert, s. Qk. II), viel später erst aufgezeichnet, andere verloren, einige doch auch als geschichtliche Quellen wertvoll, wie die des Abtes Sturmi von Fulda (von seinem dritten Nachfolger Eigil, zw. 791 und 814) oder die des Erzbischofs Willehad von Bremen (787—789, von dem gefeierten Erzbischof Ansgar) oder die des Bischofs Liudger von Münster von Altfrid.[59])

---

[55]) Adalhards Briefe sind leider verloren. Seine Schrift über die Hofordnung Karls des Großen ist nur in einem Auszug bei Hinkmar von Reims (de ordine palatii). s. S. 119 erhalten.

[56]) Abt von Corbie (Kloster in der Normandie, von dem aus bes. durch die Bemühungen von A. u. W. Corvey gegründet war), † 860.

[57]) Vita Adalhardi und Epitaphium Arsenii (d. i. d. Vita Walae): Ausg.: Mabillon Acta SS Ord. S. Ben. 4, 1. Auszüge in MG SS II; das Epit. Ars. (auch in SB Berl. Akad. 1900; DW 5313) in verkleidender Dialogform.

[58]) Hier und anderswo hat man besonders die Besitzurkunden aufgehoben, und z. T. auch in Abschriften gesammelt, s. S. 54 f.

[59]) Alle drei in MG SS II. Die Vita Sturmi ist nicht ein Machwerk des 11. Jahrh., wie neuerdings behauptet worden ist (s. Tangl, Abh. Berl. Akad. 1919). Übers. der Vita Sturmi v. M. Tangl in Geschichtsschreib. 13. 3. A., 1920. H. Beumann in Hessisches Jb. f. Landesgesch. 2, 1952. — G. Nie-

Aber all diese Überlieferung, die ja aus mannigfachen, im einzelnen unbedeutenden Aufzeichnungen ihre Ergänzung findet, würde uns nicht zu dem Bilde verhelfen, das wir uns von Karls Person und Regiment, seiner Politik und der Organisation seines Reiches zu schaffen vermögen. Dafür treten die unmittelbaren Zeugnisse seiner Regierungstätigkeit hinzu.

Diese umfassende, alle Gebiete des Staatslebens ergreifende *Regierungstätigkeit* hat in der auf uns gekommenen Überlieferung vornehmlich nach drei Richtungen ihren Niederschlag gefunden: in der Ordnung des Rechts- und Wirtschaftslebens durch Reichsgesetze und Rechtsaufzeichnungen,[60]) durch Erlaß von Urkunden und in brieflichen Verhandlungen.

In bedeutsamem Unterschiede von den nachfolgenden ersten Jahrhunderten deutscher Königszeit gibt es in der karolingischen Periode eine *schriftliche Reichsgesetzgebung:* die unter Zustimmung der Reichstage, d. h. der jeweils um den Herrscher versammelten Großen erlassenen Gesetze und Verordnungen. Nach ihrer Einteilung in Abschnitte (capitula) heißen sie *Kapitularien.*[61]) Man hat ihren Inhalt größtenteils im Gegensatz zum Volksrecht als Amtsrecht oder Königsrecht bezeichnet. Doch ist — wohl mit Recht — gegen solche scharfe Gegenüberstellung Widerspruch erhoben worden.[62])

Nach ihrem Inhalte kann man diese Kapitularien[63]) zunächst in solche kirchlicher (ecclesiastica) und weltlicher (mundana) Gesetzgebung teilen. Diese letzteren läßt man zerfallen 1. in cap. legibus addenda, d. h. Zusätze zu den Volksrechten, die auch meist dem Volksrecht zugerechnet werden; 2. in cap. per se scribenda, die gemeines Reichsrecht, allgemeines Landrecht (im

meyer, Die Vita d. ersten Bremer Bischofs Willehad, DA 12, 1956. — Übers. der Vita Liudgeri v. A. Wassener, 1957. — Allgemein: W. Brüggemann, Unterss. z. Vitae-Literatur d. Karolingerzeit. Diss. Münster 1957.

60) Hierüber besonders R. Buchner, Die Rechtsquellen. (= Wattenbach-Levison, Beiheft.), 1953.

61) Capitula, capitulare; in merowingischer Zeit: edictum. praeceptum, praeceptio, decretum, decretio, auctoritas. Hierüber nunmehr F.-L. Ganshof, Was waren die Kapitularien? 1958. (dt. Übers. des 1955 in Brüssel ersch. Werkes).

62) Seeliger, Königsrecht u. Volksrecht? HVS 1, 1898.

63) Schröder- v. Künßberg 7. A. § 32.

Gegensatz zum persönlich geltenden Volksrecht) enthalten, und 3. cap. missorum, die Weisungen für die Königsboten.

Am berühmtesten ist unter diesen Ordnungen das sog. *Capitulare de villis*,[64]) die sog. Hofgüterordnung Karls des Großen. Man hat in ihr eine allgemeine Wirtschaftsreformordnung für das Reich gesehen, die den königlichen Besitz zu Mustergütern machen sollte und ihr darum eine überragende Bedeutung beigelegt. Doch hat A. Dopsch (Die Wirtschaftsentwicklung der Karolingerzeit I 1912, 2. A. 1921) schlagend und alsbald fast allgemeine Zustimmung findend dargetan, daß wir es mit einer Verordnung zu tun haben, die Ludwig der Fromme in den 90er Jahren des 8. Jahrhunderts in Aquitanien für die schlecht bewirtschafteten dortigen Krongüter, auf deren Ertrag er angewiesen war, erlassen hat.

Amtliche *Sammlungen* dieser Kapitularien gab es in karolingischer Zeit nicht. Sehr bald aber genoß die von Ansegis, dem Abt von *Fontanella* (St. Wandrille, Diözese Rouen), zusammengestellte Capitularium Collectio[65]) amtliches Ansehen, obwohl sie weder vollständig noch in allen ihren Bestandteilen zuverlässig ist. Die um die Mitte des 9. Jahrhunderts von dem Mainzer Kleriker Benedictus Levita hinzugefügten Teile sind dagegen größtenteils in kirchlichem Interesse hergestellte, auf Steigerung den geistlichen gegenüber der weltlichen Macht hinzielende Fälschungen, die auch mit den in jener Zeit auftauchenden *pseudoisidorischen Dekretalien* in Zusammenhang stehen.[66])

Bei der unermüdlichen Sorge Karls für Rechtsordnungen und ihre Handhabung ist es begreiflich, daß er, z. T. in Zusammenhang mit den nach der Kaiserkrönung in Angriff genommenen Verwaltungsreformen, für eine Aufzeichnung der alten *Stammesrechte* Sorge getragen hat, die, zu sehr verschiedener Zeit in der merovingischen Epoche entstanden, im Laufe des 8. Jahrhunderts ihre letzte Gestaltung, zum Teil erst damals auf Karls Veranlassung, in latei-

---

64) Ausg. MG Capit. I n. 32; v. Gareis, 1895; v. W. Fleischmann, 1915: mit sprachl. Kommentar v. E. Winkler, Z. f. roman. Phil. 37, 1913; v. A. Kümmel lat. u. dtsch. in Z. d. Berg. GV 51. Vgl. auch R. Kötzschke, Grundzüge d. dt. Wirtschaftsgesch.[2] 1921, 66 A. 1. Schröder-v. Künßberg § 27. DW 5428. Neuerdings W. Metz in Zs. f. Agrargesch. u. Agrarsoziologie 2, 1954.

65) Ausg. v. Pertz, MG LL in 2°, I 1837. DW 5447.

66) Dazu: E. Seckel, Pseudoisidor in Realencycl. f. prot. Theol.[3] 16, 265 bis 307 u. DW 5393. J. Haller, Nikolaus I. u. Pseudoisidor. 1936.

nischer Sprache[67]) gefunden haben. Das sind die sogenannten *Volksrechte (Leges Barbarorum)*.[68]) Ihr Inhalt ist zum Teil das Ergebnis von Rechtsweisungen über geltendes Gewohnheitsrecht, zum Teil sind es Satzungen, die nicht ohne Mitwirkung des Volkes, aber doch unter steigendem Anteil der mächtiger werdenden weltlichen Gewalt entstanden sind. Sie umfassen, nicht systematisch, sondern je nach dem Bedürfnis vor allen Dingen Straf- und Prozeßrecht, namentlich Bußbestimmungen.[69])

Unter ihnen ist die *Lex Salica*, das in barbarischem Latein geschriebene Volksrecht der Salischen Franken, das frühzeitig auch bei den Chattischen Franken Geltung gewonnen hat, das älteste und wichtigste.[70]) Die handschriftliche Überlieferung mit den vielfach abweichenden, teils gekürzten, teils mit Zusätzen versehenen Gestaltungen bietet sowohl der Textherstellung wie der Feststellung der Entstehungsgeschichte große Schwierigkeiten. Begreiflich, daß lebhafte, noch immer nicht beendete Meinungsverschiedenheiten sich darüber erhoben haben. Doch wird man daran festhalten dürfen, daß die ältesten Bestandteile — noch völlig frei von christlichem Einfluß — bis in die letzten Jahre Chlodwigs zurückreichen und daß unter seinen Söhnen und Nachkommen (bis Dagobert?) sowie unter den ersten Karolingern (Karl Martell) neue Fassungen und Zusätze hinzugekommen sind.

Die Redaktion der *Lex Ribvaria*, des Volksrechts der ribuarischen Franken, materiell in die merowingische Zeit, zum Teil in das 6. Jahrhundert gehörig, ist erst unter Karl dem Großen, im Zusammenhang mit den allgemeinen Kodifikationsbestrebungen nach der Kaiserkrönung (vor 803) aufgezeichnet worden,

[67]) Nur von dem Anfang der Lex Salica und von einem Gesetz Ludwigs des Frommen haben wir Bruchstücke einer deutschen Übersetzung.

[68]) Hier kann es sich nur um eine gedrängte Übersicht im Hinblick auf die Quellenkunde handeln. Vgl. R. Buchner, Die Rechtsquellen. 1953. (Beiheft zu Wattenbach-Levison). Ausführlicher hat sich damit die Rechts- und Verfassungsgeschichte abgegeben. Vgl. R. Schröder-v. Künßberg[7] § 31.

[69]) Ausg.: Schriften der Akademie für deutsches Recht. Gruppe 5: Rechtsgeschichte. B. 1.: Die Gesetze des Merovingerreichs 481—714. 1933. B. 2.: Die Gesetze des Karolingerreichs. 1934, beide von K. A. Eckhardt (für akad. Gebrauch ohne krit. Apparat) mit Übersetzung.

[70]) Ausgaben s. DW 5437 u. nunmehr von K. A. Eckhardt in Germanenrechte N.F. Abt. Westgerm. Recht folgende Teile: Pactus legis Salicae: 1, 1. Einf., 80-Titel-Text. 1954. 2. Systemat. Text. 1957. 2, 1. 65-Titel-Text. 1955. 2. Kapitularien u. 70-Titel-Text. 1956. (3.) Lex Salica. 100-Titel-Text. 1953.

ebenso wie die Weistümer, welche das Recht der chamavischen Franken (Hamaland an Yssel und Niederrhein) bilden, *Lex Francorum Chamavorum.*[71])

Die *Lex Alamannorum,* in der Hauptsache auf den fragmentarisch erhaltenen Pactus Alamannorum (6. oder 7. Jahrhundert) zurückgehend, ist auf Beschluß der Volksversammlung von Herzog Lantfrid (709—730) wahrscheinlich zwischen 716 und 719 erlassen.[72]) Wahrscheinlich nach ihrem Muster und unter starker Benutzung westgotischer Gesetze, die in Teilen Galliens in Gebrauch geblieben waren, ist zwischen 729 und 748 die *Lex Baiuvariorum* zustande gekommen.[73])

Dagegen stammen die *sächsischen* Rechtsaufzeichnungen sämtlich erst aus der Zeit nach der fränkischen Eroberung. Von ihnen ist die *Capitulatio de partibus Saxoniae,* wahrscheinlich von 782, nicht Volksrecht, sondern das strenge Gesetz des Siegers zur Sicherung seiner Herrschaft und der kirchlichen Autorität in den damals unterworfenen Teilen (Brunner); das *Capitulare Saxonicum* ist unter Beteiligung der Sachsen 797 auf dem Reichstage in Aachen entstanden und hat durch ausdrückliche Zustimmung der Bevölkerung den Charakter als Volksrecht (lex) erhalten; die *Lex Saxonum* schließlich gehört zu den erwähnten Kodifikationen nach der Kaiserkrönung, mit Benutzung des ribuarischen Gesetzes.[74])

Auch die *Lex Frisionum,*[75]) altes Gewohnheitsrecht, wahrscheinlich als kompilatorische Vorarbeit für eine Kodifikation in Karls Zeit aus Weistümern mittelfriesischer Rechtskundiger (802/3) hervorgegangen, hat — namentlich die Bußsätze verzeichnend — als Volksrecht gegolten.

Aber auch die Rechtsaufzeichnungen derjenigen germanischen Stämme, die durch ihre Wanderungen frühzeitig den Boden des späteren Deutschen Reiches verlassen haben, sind für die Kenntnis der fränkischen und damit auch der deutschen Rechtszustände

---

71) Ausgabe: v. Sohm in MG LL in 2° Bd. V. u. (einzeln) in MG Fontes iur. Germ. antiqui 6. 1883. Neue Ausg. v. F. Beyerle u. R. Buchner MG LL sect. I, III, 2. 1954. Nach Eckhardt (s. Anm. 69) ist die Lex Ribvaria erst 741—747 (also unter Pippin) zustande gekommen (ohne nähere Begründung).

72) Ausgabe: MG LL sect. I, B. V, 1. Teil u. bei Eckhardt (s. Anm. 69).

73) Ausgabe: jetzt MG LL sect. I, B. V, 2. Teil (von E. v. Schwind), 1926. DW 5441. K. Reindel in Zs. f. bayer. Landesgesch. 21, 1958.

74) Leges Saxonum et lex Thuringorum ed. Cl. Frhr. v. Schwerin in MG Fontes iur. Germ. ant. Bd. IV. 1918. Die Lex Angliorum et Werinorum hoc est Thuringorum ist das für die in Nordthüringen seßhaften Stämme der Angeln u. Warnen geltende Recht aus Karls Zeit. DW 5443.

75) Ausgabe MG LL in 2° B. III. DW 5442.

vielfach unentbehrlich: sowohl diejenigen der Burgunder und Westgoten als auch die der Langobarden.[76])

Für die *Urkunden der deutschen Karolinger* hat E. Mühlbacher — nachdem die grundlegenden Studien Th. v. Sickels[77]) vorausgegangen waren — zunächst die sorgfältige kritische Zusammenstellung in der Neubearbeitung der Böhmerschen Regesten vorgelegt.[78])

Der Rahmen dieser unentbehrlichen Regestensammlung geht gerade für die karolingische Periode über eine Verzeichnung der eigentlichen Königsurkunden hinaus. Es sind auch viele Angaben über wichtige Ereignisse und Akte der Regierungstätigkeit mit Hinweis auf die Quelle kurz verzeichnet.

Mühlbacher hat dann selbst noch die Urkunden Pippins, Karlmanns und Karls des Großen herausgeben können.[79])

Die Urkunden Ludwigs des Frommen fehlen auch heute noch.

Dagegen sind in hervorragender Arbeitsleistung von P. Kehr seither die Urkunden der deutschen Karolinger bis einschließlich Arnulfs herausgegeben.[80])

Gleichzeitig hat Kehr in den Abhandlungen der Berliner Akademie von 1932 an fruchtbarste Studien über die Regierungsweise (Kanzlei) dieser Herrscher, auch nach der personalen Seite, vorgelegt, die von Th. Schieffer für Zwentibold u. Ludwig d. Kind ergänzt wurden (DA 14, 1958).

Eine Sammlung oder Verzeichnung der so wichtigen Privaturkunden (s. S. 52 f.) aus karolingischer Zeit fehlt. Für die Heranziehung dieses bedeutsamen Quellenmaterials sind wir auf die Benutzung der Urkundenbücher der ältesten geistlichen Stifter, die in diese Zeit zurückreichen, angewiesen. Hier haben sich z. T. bedeutende Bestände,

---

76) S. darüber R. Schröder - v. Künßberg⁷ § 31.

77) Th. v. Sickel, Acta regum et imperatorum Karolinorum, 2 Bde. 1867.

78) Regesta Imperii I (RI) (s. S. 85), d. Regesten des Kaiserreichs unter den Karolingern 751—918, 1889, 2. A. 1899—1908 (von J. Lechner vollendet).

79) MG Diplomata Karolinorum I. 1906 (vgl. S. 78). DW 5322. Reproduktionen u. A. in KUiA ed. Th. v. Sickel u. H. v. Sybel, Lief. 1, 3, 4, 7, 11 sowie bei Arndt-Tangl, Schrifttafeln III² 73. 75.

80) MG Diplomata regum Germaniae ex stirpe Karolinorum, Bd. I—III. 1932—40. Neudr. 1955 f.

z. T. wohl in ziemlicher Vollständigkeit, sei es in Originalen (z. B. St. Gallen) oder in Traditions- und Kopialbüchern (s. S. 54 f.) erhalten.

Bei der im ganzen doch geringen Zahl insbesondere der Königsurkunden spielen für die Karolingerzeit die mannigfachen *Formularsammlungen* (Formelsammlungen) auch (s. S. 50 f.) eine Rolle. Die wichtigsten sind:

1. *Formulae Marculfi:* 92 formulae, davon 40 für Königs-, 52 für Privaturkunden; teils frei erdacht, teils nach wirklichen Urkunden verfaßt; wohl Ende des 7. oder Anfang des 8. Jahrhunderts wohl in St. Denis von einem sonst unbekannten Kleriker Marculf zusammengestellt; sie sind in den Merowinger- und Karolingerurkunden des 8. Jahrhunderts benutzt.[81])

2. Diese Formulare sind in der Kanzlei Karls des Großen vor 800 den neuen sprachlichen Anforderungen entsprechend umgearbeitet worden als: *Formulae Marculfinae aevi Carolini* (Zeumer).

3. hat eine durchgreifende Umarbeitung besonders in stilistischer Hinsicht unter Ludwig dem Frommen stattgefunden;

4. ist unter ihm in der Kanzlei eine weitere Sammlung angelegt: *Formulae imperiales;* sie ist großenteils in tironischen Noten[82]) erhalten.

Daneben gibt es noch eine Anzahl von Sammlungen von Formeln oder Formularfragmenten privaten Charakters für private Rechtsgeschäfte aus dem 8. und 9. Jahrhundert.[83])

Für die Beziehungen zur Kurie ist die wichtigste Quelle jene freilich nur einseitige Sammlung der *Briefe,* welche die *Päpste,* von Gregor III. an, an Karl Martell und seine Nachkommen gerichtet haben, die — natürlich zu politischen Zwecken — Karl selbst im *Codex Carolinus* (bis 791)[84]) hat zusammenstellen lassen, während bedauerlicherweise die Briefe Pippins und Karls an die Päpste in Rom nicht erhalten sind.

---

81) Vgl. A. Uddholm, Formulae Marculfi. Etudes sur la langue et le style. 1953. F. Beyerle, DA 9, 1951.

82) Tironische Noten = stenographische Schrift, von Kopp entziffert (Palaeographia critica 1817). W. Erben, Urkundenlehre I 165 ff.

83) Über weitere Formelsammlungen s. Bresslau II, 1³ 235 ff.; Schröder- v. Künßberg 7. A. § 34; Schwerin⁴ 57.

84) Ausgabe: Jaffé, Bibl. rer. Germ. II. Mon. Carolina. 1868, unentbehrlich auch neben der neueren Ausg. v. Gundlach in MG EE III; ein erheblicher Teil auch bei J. Haller, Quellen zur Entstehung des Kirchenstaats, 1907. DW 5331.

Mit Recht hat man auch die übrige Korrespondenz, welche die Päpste, auch für die Folgezeit, mit den fränkischen Herrschern und Großen geführt haben, in den MG EE zum Abdruck gebracht.

Und neben den fränkischen Darstellungen über die Unterwerfung Italiens und die Regelung des Verhältnisses zum Papsttum sind die Angaben, welche die kurzen Notizen oder ausführlicheren Erzählungen über die Pontifikate im sogenannten *Liber Pontificalis*[85]) abweichend und ergänzend enthalten, vor allen Dingen heranzuziehen.

Unter dem Titel *Liber pontificalis* versteht man die amtliche, in größeren Zeitabständen verfaßte Sammlung von Lebensbeschreibungen der römischen Bischöfe, die schon im 4. Jahrhundert begonnen wurde. Sie nehmen, von verschiedenem Werte, seit der Mitte des 8. Jahrhunderts größere Ausführlichkeit an und verleugnen natürlich nirgends ihren offiziösen Charakter.[86]) Für die Karolingerzeit sind von besonderer Wichtigkeit die Vitae Hadriani I. und Leonis III.

Mit Karl dem Großen ist die mächtige Hand dahingesunken, die das große Reich, das auch die später das Deutsche Königreich bildenden Stämme umschloß, zusammengeschweißt und zusammengehalten hatte. Nach wenig mehr als einem Jahrzehnt beginnt bereits unter seinem schwächlichen Sohne die Periode der Auflösung und der Reichsteilungen, unter schweren dynastischen Konflikten und Kämpfen. Die geschichtliche Überlieferung wird — nach Umfang, Art und Gehalt — aufs tiefste davon beeinflußt.

Zunächst zwar sind ja bis 829 die *Reichsannalen* (s. S. 105) fortgeführt worden, und auch andere annalistische Aufzeichnungen gewähren für Einzelheiten mannigfache Ausbeute. Aber der große Unterschied der Zeiten tritt zutage, wenn wir mit Einhards Karls-Biographie die entsprechenden Versuche vergleichen, welche zur Verherrlichung Ludwigs des Frommen unternommen worden sind. Weder

---

85) Ausgaben: Liber Pontificalis ed. Duchesne I, II, 1884—1892, Neudr. 1957. Erg. Bd. III, 1957 u. Th. Mommsen in MG GPR I, Liber pontificalis I. 1898. DW 3237. S. auch W. Giesebrecht, Allg. Monatsschr. 1852 April.

86) Über den Liber Pontificalis s. A. Brackmann, Realencyl. f. prot. Theol. u. Kirche 3. A. B. XI, d. 1. Teil reicht bis 891.

Thegan, ein Chorbischof der Trierer Kirche (De gestis domni Hludovici Pii 813/835),[87]) noch der sogenannte *Astronomus*[88]) (Vita Hludovici Imperatoris) haben mehr als Parteischriften geliefert, die doch bei der eintretenden Dürftigkeit der Überlieferung zum Teil — so der Astronomus für die Jugendzeit und für das Jahrzehnt der Kämpfe seit 829[89]) und auch an anderen Stellen durch die Benutzung verlorener Quellen — nicht ohne Bedeutung sind. Von den wirklichen Ursachen der großen Konflikte erfahren wir hier nichts. Des Ermoldus Nigellus Verse (carmina in honorem Hludovici)[90]) sind nichts als unerfreuliche Schmeicheleien, aus denen nur hier und da Einzelheiten über Personen und Zustände zu entnehmen sind. Charakteristisch für dies Regiment mit seinem klerikalen Anstrich ist wohl die Persönlichkeit des Mönches Benedikt von Aniane,[91]) dem Ludwig die Oberaufsicht über alle Klöster im Reiche übertrug; sein Leben hat Ardo Smaragdus, sein Nachfolger als Abt in Aniane,[92]) geschrieben.

In die Kämpfe der Dynastie und um die Einheit des Reiches hat der Klerus nicht nur durch offene politische Parteinahme, sondern auch literarisch mit höchst interessanten *Streitschriften* eingegriffen.

Von dieser anscheinend ziemlich umfangreichen Literatur hat sich nur ein Teil, gerade gegen den Kaiser gerichtete Schriften, erhalten. Unter ihnen beansprucht namentlich die leidenschaftliche Anklageschrift des Erzbischofs Agobard von Lyon

---

87) Ausgabe: MG SS II 585—604; Übers.: Geschichtsschr. 19. Neugedruckt mit dt. Übers. hrsg. v. R. Rau. 1956. (s. S. 105, Anm. 39) DW 5311. Die Verherrlichung von Ludwigs Frömmigkeit richtet sich zugleich gegen die Bischöfe aus niederem Stande.

88) Ausgabe: MG SS II 607—648; Geschichtsschr. 19. Neugedruckt mit dt. Übers. hrsg. v. R. Rau. 1955. (s. S. 105, Anm. 39) DW 5212. Der unbekannte Verfasser wird wegen einiger astronomischer Bemerkungen so genannt.

89) Für die Jahre 814—829 sind „in entstellender Ausmalung" d. Reichsannalen benutzt. M. Buchner möchte das Werk dem Abt Hilduin von S. Medardus, dem späteren Erzkanzler Karls des Kahlen, zuschreiben, als eine Art Fürstenspiegel für Pippin II. v. Aquitanien.

90) D. Verf. ist ein aquitanischer Geistlicher. — Ausgabe: MG Poëtae lat. II 5—91, I, 420; DW 5310. Ermold le Noir, ed. E. Faral. Paris 1932, dazu: K. Strecker HZ 149, 321 ff.; Übers.: Geschichtsschr. 18. Das Werk reicht bis 826.

91) Zuletzt Abt von Cornelimünster bei Aachen, † 821. J. Narberhaus, Benedikt v. A. Werk u. Persönlichkeit. Diss. Münster 1927.

92) Ausgabe: MG SS XV, 200—220.

(† 840)[93]) aus dem Jahre 833 unser Interesse. Auch an Mahnungen und Warnungen, an Belehrungen über die Pflichten des Königtums hat es Ludwig und noch weiterhin seinen Söhnen nicht gefehlt: so von Hrabanus Maurus,[94]) Jonas von Orleans († 844), Hinkmar von Reims:[95]) De rege et regis institutione u. a.[96])

Mit dem Tode Ludwigs des Frommen (840) ist das Ende der Reichseinheit besiegelt. Über die Kämpfe, die nun folgen, sind wir in erster Linie durch eine vortreffliche, freilich nur knappe Quelle unterrichtet, die schon dadurch von Bedeutung ist, daß sie von einem Laien, der zugleich durch Abstammung dem Königshause verwandt ist, herrührt: Nithard, der Sohn von Angilbert und Karls Tochter Berta, hat, er selbst ein Parteigänger Karls des Kahlen, uns in dessen Auftrag in vier kurzen Büchern, im wesentlichen doch aufrichtig und unparteiisch, mit klarer Einsicht die Ereignisse, unter kurzem Rückblick auf den Verlauf seit der ersten Reichsteilung unter Ludwig erzählt.[97]) Aufs schmerzlichste müssen wir das plötzliche Abbrechen der lebendigen, mit dem März 843 aufhörenden Erzählung, dem bald Nithards Tod (844) gefolgt sein muß, bedauern.[98])

[93]) Apologeticus pro filiis Ludovici; neuerdings von G. Waitz als Libri duo pro filiis et contra Iudith uxorem Ludovici Pii hrsg. in MG SS XV, 275—279, Entstehungszeit: Frühjahr u. Herbst 833. DW 5334.

[94]) Hrabanus Maurus (geb. 784, Abt. v. Fulda 822, Eb. v. Mainz 847, † 856), als Lehrer, Dichter u. Schriftsteller gefeiert. Seine Gedichte: MG Poëtae lat. II 159—244; Briefe: MG EE V 379—516. Über ihn: DW 5775.

[95]) Über Hinkmar v. Reims (geb. um 806, seit 845 Eb. v. Reims, † 881) s. d. Schriften v. C. v. Noorden u. H. Schrörs: DW 5773. Ausgabe dieser Mahnungen bei Migne Patr. lat. B. 125. Über H. als Geschichtsschreiber s. S. 122.

[96]) A. Werminghoff, Die Fürstenspiegel der Karolingerzeit. HZ 89, 1902. S. auch DW 5508.

[97]) Historiarum libri IV, Ausgaben: MG SS rer. Germ. i. u. sch. ed. 3. 1907 (Neudruck 1956). Nach dieser Ausg. hrsg. v. R. Rau mit dt. Übers. (s. S. 105, Anm. 39) ed. Lauer 1926; Übers.: Geschichtsschr. 20. DW 5314 (bes. ferner Meyer v. Knonau). Das 1. Buch, das von den Ursachen der Entzweiung im Herrscherhause handelt (814—840), bietet eine Ergänzung zu den dürftigen Quellen für die Zeit Ludwigs des Frommen. Das letzte Buch reicht bis in den März 843.

[98]) In lib. III, 5 die *„Straßburger Eide"*, d. h. die in deutscher und romanischer Sprache eidlich bekräftigten Vereinbarungen, die Ludwig der Deutsche und Karl der Kahle 842 in Straßburg getroffen haben, auch bei Müllenhoff u. Scherer, (DW 3696) Denkmäler deutscher Poesie u. Prosa I³, 231 (vgl. II, 365). Schriftproben bei M. Enneccerus, Die ältesten deutschen Sprachdenkmäler, 1897.

Mit dem *Vertrage von Verdun* (843)[99]) geht dann unter Ludwig dem Deutschen der östliche Teil des Reiches seine eigenen Wege. Von da an kommen als Quellen natürlich in erster Linie diejenigen in Betracht, die im Umkreise dieses Reiches selbst entstanden sind.

Verfassung, kirchliche, soziale und wirtschaftliche Zustände sind zunächst so, wie sie bisher, durch die einheitliche Reichspolitik bestimmt, geherrscht haben. Nun bilden sie nach eigenen Bedürfnissen und den besonderen Schicksalen des Ostreiches sich langsam im Wandel der Zeiten um. Davon erzählt uns die Geschichtsschreibung freilich so gut wie nichts. Noch geht zwar die schriftliche Reichsgesetzgebung fort, aber nach wenigen Jahrzehnten erlahmt sie, und in der Bedrängnis durch äußere Feinde, Normannen und Ungarn, kommen, ohne daß wir imstande sind, den Prozeß zu verfolgen, neue Gewalten auf, die schließlich eine Trennung des Reiches herbeizuführen zuwege sind. Je weiter dieser Auflösungsprozeß vor sich geht, um so dürftiger wird es mit unserer Kenntnis.

Vorerst freilich hat auch im Ostreiche die Geschichtsschreibung an die Tradition des Gesamtreiches angeknüpft. Noch erhalten sich anfänglich literarische Interessen am Hofe und in Verbindung mit ihm in den alten kirchlichen Mittelpunkten geistigen Lebens: in Fulda und Mainz, auf der Reichenau und in St. Gallen. Und sehr bald hat sich augenscheinlich, ebenso wie im Westreich (s. S. 122), das Bedürfnis geltend gemacht, die alte *Reichsannalistik* fortzusetzen. Diese Fortsetzung haben wir in den sogenannten *Annales Fuldenses*[100]) zu erblicken.

An deren ersten, außer einigen Fuldaer Lokalnachrichten rein komplikatorischen, Teil (bis 838) schließen sich in verschiedenen Abschnitten Fortsetzungen bis zum Jahre 901 an, die in ihrer Reichhaltigkeit und Zuverlässigkeit nicht einfache Klosterannalen sein können. Die Fuldaer Mönche, welche die Aufzeichnungen verfaßt haben, Rudolf, der gefeierte Leiter der Klosterschule

---

99) F.-L. Ganshof, Zur Entstehungsgesch. u. Bedeutung d. Vertrages v. V. DA 12, 1956, 313 ff.

100) Ausgabe MG SS rer. Germ. i. u. sch. 1891 v. Kurze; Übers.: Geschichtsschr. 23; DW 5308 (bes. F. Kurze u. S. Hellmann).

von 838 an, Meginhard von 863 an, haben, so nimmt man an, diese „Hof- oder Königsannalen“ (Kurze) zweifellos in amtlichem Auftrage, in der Umgebung der Mainzer Erzbischöfe Hrabanus Maurus und Liutbert (870 Erzkaplan), sehr bald Jahr für Jahr zusammengestellt.[101]) Es ist wirklich Reichsgeschichte, natürlich nicht ohne höfische Rücksichtnahme. Der offizielle Charakter tritt besonders deutlich zutage, als nach dem Tode Ludwigs des Jüngeren die offizielle Fortsetzung unter der Ägide von Karls III. Kanzler Liutward, dem wohl ein Exemplar der Annalen zugestellt wurde, und dann weiter unter Arnulf in Bayern fortgeführt wurde (bis 901) und daneben nun Meginhard ohne die bisherige Rücksichtnahme sein Werk bis zu seinem Tode (888) fortsetzte. — Gegenüber dieser wohl allgemein aufgenommenen Ansicht hat S. Hellmann die Meinung ausgesprochen und gegen Kurzes Widerspruch vertreten, daß diese sogenannten Fuldaer Annalen in der uns heute vorliegenden Form auf Grund älterer Vorlagen um 887 einheitlich in Mainz entstanden seien, daneben aber seit 882 im Südosten des Reichs eine Umarbeitung im Sinne Karls III. mit einer Fortsetzung bis in die Zeit Ludwigs des Kindes erfahren haben.[102])

Wie wenig es möglich war, ohne diese Beziehungen zur Regierung Reichsgeschichte zu schreiben, zeigt der Versuch, den wir in den sogenannten *Annales Xantenses,*[103]) einer zweifellos am Niederrhein entstandenen, von 831—873 gleichzeitigen und selbständigen und für uns doch wertvollen Schilderung, vor uns haben.

Aus den übrigen im Ostreiche entstandenen Aufzeichnungen sind die Lebensbeschreibungen einiger Kirchen-

---

[101]) Rudolf habe wahrscheinlich die Ausarbeitung seiner Notizen wiederholt in Fulda vorgenommen.

[102]) Die Bemerkungen zu 838 u. 863: hucusque Enhardus bzw. Ruodolfus will Hellmann auf die Quellen, nicht auf die Verfasser beziehen. — Übrigens darf die oft behauptete oder doch vermutete, aber auch bestrittene Verfasserschaft Einhards (s. S. 102) für den ersten Teil (bis 838) als ausgeschlossen gelten. Dies gegen Fed. Schneider, Mittelalter 79, s. auch Wattenbach I[7] 247 f.

[103]) Neue Ausgabe: (mit Ann. Vedastini) v. B. v. Simson in d. MG SS rer. Germ. i. u. sch. 1909. Nach dieser Ausg. hrsg. v. R. Rau mit dt. Übers. in: Quellen z. karoling. Reichsgeschichte Bd. II. 1958 (Frhr v. Stein-Gedächtnisausgabe Bd. 6.) Übers.: Geschichtsschr. 23. Der Name dieser im Mittelalter nie erwähnten, 1827 in London gefundenen Annalen stammt von ihrem Entdecker Pertz, weil hier zu 864 (statt 863) die Zerstörung von Xanten ausführlich geschildert ist. H. Löwe DA 8, 1950, 59 ff. u. F. W. Oediger Ann. Hist. Verein f. d. Niederrhein 157, 1955, 181 ff.

fürsten zu beachten: unter ihnen vor allem die wertvolle Biographie des Erzbischofs Ansgar von Bremen-Hamburg (831 bis 865), die bald nach dessen Tode (vor 886) von Rimbert, seinem Schüler und Nachfolger (bis 888), verfaßt ist und insbesondere infolge der Wirksamkeit Ansgars die Beziehungen zu den nordischen Bereichen berücksichtigt.[104])

Für den Südwesten des Reiches gewähren die bis 883 reichenden Aufzeichnungen Ratperts, der älteste Teil der Klostergeschichte von St. Gallen, wertvolle und anschauliche Kunde, insbesondere auch vom Leben und Treiben in diesem reichen und mächtigen Kloster.[105]) Erst Mitte des 11. Jahrhunderts hat Ekkehard IV. mit der Wirksamkeit Salomos III., der zugleich Abt von St. Gallen und Bischof von Konstanz war, die Arbeit wieder aufgenommen.[106])

Naturgemäß bieten für diese ersten Jahrzehnte der Trennung, zumal bei dem Fortgang der Auseinandersetzung über das Erbe Lothars, auch manche im *Westreich* entstandenen Berichte wertvolle Kunde für die deutsche Geschichte. In erster Linie steht dabei die westfränkische Fortsetzung der Reichsannalen, die *Annales Bertiniani,*[107]) schon 830 bis 835 in gleichzeitiger Niederschrift weitergeführt, dann von 835—861 von dem Bischof Prudentius von Troyes und von 861—882 von Hinkmar, Erzbischof von Reims, dem leitenden Staatsmann Karls des Kahlen (s. S. 119), als offizielle Darstellung fortgesetzt. Neben ihnen stehen, wie im Ostreich die Annales Xantenses, selbständig und fast unbekannt geblieben die *Annales Vedastini* (St-Vaast bei

[104]) Ausgabe: MG SS rer. Germ. i. u. sch. v. G. Waitz. 1884; Übers.: Geschichtsschr. 22. DW 5169. Der Versuch von W. Peitz, durch eine veränderte Einschätzung der Handschriften einen älteren Text zu konstruieren, ist abgelehnt worden (s. bes. W. Levison in D. echte u. die verfälschte Gestalt von Rimberts Vita Ansgarii in ZVHambG. 23).

[105]) Ratperti Casus S. Galli; Ausg.: v. Meyer v. Knonau, St. Gallische Geschichtsquellen II, 1872. (Mitt. z. vaterl. Gesch. v. St. Gallen 13).

[106]) S. über ihn Qk II.

[107]) Ausgabe: MG SS rer. Germ. i. u. sch. (v. G. Waitz). 1883. Nach dieser Ausg. neuhrsg. v. R. Rau mit dt. Übers. in: Quellen z. karoling. Reichsgeschichte Bd. II. 1958 (Frhr. v. Stein-Gedächtnisausgabe Bd. 6). Übers.: Geschichtsschr. 24; über den Namen s. S. 101. DW 5309.

Arras), die uns, vielleicht nur fragmentarisch erhalten, die Jahre 874 bis 900, vor allem auch die Auflösung des Westreichs und dessen Heimsuchung durch die Normannen schildern.[108])

Charakteristisch für die unsichere Stellung, welche die lothringischen Gebiete zwischen den beiden Reichsteilen in der Epoche der letzten ostfränkischen Karolinger einnahmen, ist die Chronik des Abtes Regino von Prüm[109]) (bis 906), die, auf deutschem Boden entstanden, doch mehr von den westfränkischen Ereignissen überliefert, überdies aber, seit 814 bis auf seine eigene Zeit meist auf mündliche Überlieferung angewiesen, in ihrer Zurückhaltung und Dürftigkeit ebenso wie durch dasjenige, was sie uns mitteilt, ein charakteristisches Bild von der Zersetzung und Auflösung des Karolingerreiches bietet.

In dieser Epoche, seit dem Ausgange Karls des Großen, spielen die Schicksale *Italiens* für die deutsche Geschichte doch nur vorübergehend eine Rolle, so daß hier zunächst von einem Eingehen auf die italienischen Quellen abgesehen werden kann. Natürlich wird man die Beziehungen zum Papsttum nicht übersehen dürfen: daher sind denn auch die reichen Briefbestände, die von Nicolaus I. (858 bis 867), dem bedeutungsvollsten Papst dieser Epoche, von Hadrian II. (867—872) und Johann VIII. (872—882) in der Reihe Epistolae der Monumenta herausgegeben.[110]) Dazu kommen die betreffenden Abschnitte des Liber Pontificalis,[111]) unter denen die Vita Nicolai, wahrscheinlich von Anastasius Bibliothecarius († 879) von Wert ist.[112])

Selbstverständlich tritt, je mehr die erzählende Überlieferung versagt, um so mehr die Bedeutung des *urkundlichen* Materials hervor: die *Urkunden* (im diplomatischen

---

[108]) Neue Ausgabe mit den Ann. Xantenses, s. S. 121, Anm. 103.

[109]) Ausgabe: MG SS rer. Germ. i. u. sch. DW 5317. (v. F. Kurze). 1890; Übers.: Geschichtsschr. 27. 5. unverändert. A. 1939. Regino, v. 892—899 Abt, mußte dann seinen Gegnern weichen und starb 915 in St. Maximin bei Trier. H. Löwe, Rhein. Vierteljahrsbll. 17, 1952, 151 ff.

[110]) MG EE VI: D. Briefe Nicolaus I. u. Hadrians II., hrsg. v. E. Perels; VII: D. Registrum Johannes VIII. hrsg. v. E. Caspar. DW 3237.

[111]) Ausgabe: Le Liber pontificalis ed. L. Duchesne II 1892; s. o. S. 117

[112]) Dazu: E. Perels, Nicolaus I. u. Anastasius Bibliothecarius 1920.

Sinne),[113]) die *Akten der Konzilien,* deren Beschlüsse überall auch in die weltlichen Angelegenheiten eingreifen, und die *Kapitularien,*[114]) die Akten der Reichsgesetzgebung, die freilich mit dem Ende des 9. Jahrhunderts auch selbst erlischt. Sie können für die letzten Jahrzehnte einen Vergleich mit den Zeiten Karls des Großen nicht aushalten.

Je dürftiger von Jahrzehnt zu Jahrzehnt unser Quellenmaterial wird, um so mehr gewinnt jede unbedeutende Notiz, jedes Produkt literarischer Beschäftigung seinen Wert. Wie weit es gelingt, aus der Summe der Überlieferung ein Bild dieser Zeiten zu geben, in denen nach kurzer Lebensdauer das Deutsche Reich seinem Ende entgegenzugehen scheint, zeigt uns noch immer am besten die Geschichte des Ostfränkischen Reiches von Ernst Dümmler (2. Aufl. 1887/8, in den Jahrbüchern der deutschen Geschichte).

---

113) Hierher gehört auch die Mustersammlung (Urkunden u. Formeln) des Bischofs Salomo von Konstanz (890—920): E. Dümmler, das Formelbuch des Bischofs Salomo, 1857, jetzt auch in MG LL sect. V, Formulae, 390—437, 1886 (ed. K. Zeumer).

114) Über die Ausgaben s. S. 77 u. R. Buchner, Die Rechtsquellen (= Wattenbach-Levison, Beiheft), 1953.

SACHVERZEICHNIS

Sachverzeichnis

Sachverzeichnis

Inhaltsübersicht

Geisteswissenschaften

Philosophie

Einführung in die Philosophie von *H. Leisegang* †. 3. Auflage. 145 Seiten. 1957. (*281*)

Hauptprobleme der Philosophie von *G. Simmel* †. 7., unveränderte Auflage. 177 Seiten. 1950. (*500*)

Geschichte der Philosophie

I: Die griechische Philosophie von *W. Capelle*. 1. Teil. Von Thales bis Leukippos. 2., erweiterte Auflage. 135 Seiten. 1953. (*857*)

II: Die griechische Philosophie von *W. Capelle*. 2. Teil. Von der Sophistik bis zum Tode Platons. 2., stark erweiterte Auflage. 144 Seiten. 1953. (*858*)

III: Die griechische Philosophie von *W. Capelle*. 3. Teil. Vom Tode Platons bis zur Alten Stoa. 2., stark erweiterte Auflage. 132 Seiten. 1954. (*859*)

IV: Die griechische Philosophie von *W. Capelle*. 4. Teil. Von der Alten Stoa bis zum Eklektizismus im 1. Jahrh. v. Chr. 2., stark erweiterte Auflage. 132 Seiten. 1954. (*863*)

V: Die Philosophie des Mittelalters von *J. Koch*. In Vorbereitung. (*826*)

VI: Von der Renaissance bis Kant von *K. Schilling*. 234 Seiten. 1954. (*394/394a*)

VII: Immanuel Kant von *G. Lehmann*. In Vorbereitung. (*536*)

VIII: Die Philosophie des 19. Jahrhunderts von *G. Lehmann*. 1. Teil. 151 Seiten. 1953. (*571*)

IX: Die Philosophie des 19. Jahrhunderts von *G. Lehmann*. 2. Teil. 168 Seiten. 1953. (*709*)

X: Die Philosophie im ersten Drittel des 20. Jahrhunderts I von *G. Lehmann*. 128 Seiten. 1957. (*845*)

Die geistige Situation der Zeit (1931) von *K. Jaspers*. 4., unveränderter Abdruck der 1932 bearbeiteten 5. Auflage. 211 Seiten. 1955. (*1000*)

Erkenntnistheorie von *G. Kropp*

I. Teil: Allgemeine Grundlegung. 143 Seiten. 1950. (*807*)

Formale Logik von *P. Lorenzen*. 165 Seiten. 1958. (*1176/1176a*)

Philosophisches Wörterbuch von *M. Apel* †. 5., völlig neubearbeitete Auflage von *P. Ludz*. 315 Seiten. 1958. (*1031/1031a*)

Philosophische Anthropologie. Menschliche Selbstdeutung in Geschichte und Gegenwart von *M. Landmann*. 266 Seiten. 1955. (*156/156a*)

Pädagogik, Psychologie, Soziologie

Geschichte der Pädagogik von *Herm. Weimer*. 13., durchgesehene und vermehrte Auflage von *Heinz Weimer*. 178 Seiten. 1958. (*145*)

Therapeutische Psychologie. Ihr Weg durch die Psychoanalyse von *W. M. Kranefeldt*. Mit einer Einführung von *C. G. Jung*. 3. Auflage. 152 Seiten. 1956. (*1034*)

Allgemeine Psychologie von *Th. Erismann.* 3 Bände.
I: Grundprobleme. 2., neubearbeitete Auflage. 146 Seiten. 1958. (*831*)
II: Grundarten des psychischen Geschehens. 248 Seiten. 1959. (*832/832a*)
III: Psychologie der Persönlichkeit. In Vorbereitung. (*833*)

Soziologie. Geschichte und Hauptprobleme von *L. von Wiese.* 5. Auflage. 162 Seiten. 1954. (*101*)

Sozialpsychologie von *P. R. Hofstätter.* 181 Seiten, 15 Abbildungen, 22 Tabellen. 1956. (*104/104a*)

Empirische Sozialforschung von *G. K. Specht.* 1959. In Vorbereitung. (*1175*)

Psychologie des Berufs- und Wirtschaftslebens von *W. Moede* †. 190 Seiten, 48 Abbildungen. 1958. (*851/851a*)

Industrie- und Betriebssoziologie von *R. Dahrendorf.* 120 Seiten. 1956. (*103*)

Religionswissenschaften

Jesus von *M. Dibelius* †. 2. Auflage. Unveränderter Nachdruck. 141 Seiten. 1949. (*1130*)

Paulus von *M. Dibelius* †. Nach dem Tode des Verfassers herausgegeben und zu Ende geführt von *W. G. Kümmel.* 2., durchgesehene Auflage. 155 Seiten. 1956. (*1160*)

Luther von *F. Lau.* 151 Seiten. 1959. (*1187*)

Römische Religionsgeschichte von *F. Altheim.* 2 Bände. 2., umgearbeitete Auflage.
I: Grundlagen und Grundbegriffe. 116 Seiten. 1956. (*1035*)
II: Der geschichtliche Ablauf. 164 Seiten. 1956. (*1052*)

Geschichte Israels. Von den Anfängen bis zur Zerstörung des Tempels (70 n. Chr.) von *E. L. Ehrlich.* 158 Seiten, 1 Tafel. 1958. (*231/231a*)

Musik

Musikästhetik von *H. J. Moser.* 180 Seiten. Mit zahlreichen Notenbeispielen. 1953. (*344*)

Systematische Modulation von *R. Hernried.* 2. Auflage. 136 Seiten. Mit zahlreichen Notenbeispielen. 1950. (*1094*)

Der polyphone Satz von *E. Pepping.* 2 Bände.
I: Der cantus-firmus-Satz. 2. Auflage. 223 Seiten. Mit zahlreichen Notenbeispielen. 1950. (*1148*)
II: Übungen im doppelten Kontrapunkt und im Kanon. 137 Seiten. Mit zahlreichen Notenbeispielen. 1957. (*1164/1164a*)

Allgemeine Musiklehre von *H. J. Moser.* 2., durchgesehene Auflage. 155 Seiten. Mit zahlreichen Notenbeispielen. 1955. (*220/220a*)

Harmonielehre von *H. J. Moser.* 2 Bände.
I: 109 Seiten. Mit 120 Notenbeispielen. 1954. (*809*)

Die Musik des 19. Jahrhunderts von *W. Oehlmann.* 180 Seiten. 1953. (*170*)

Die Musik des 20. Jahrhunderts von *W. Oehlmann.* 1959. In Vorbereitung. (*171/171a*)

Technik der deutschen Gesangskunst von *H. J. Moser.* 3., durchgesehene und verbesserte Auflage. 144 Seiten, 5 Figuren sowie Tabellen und Notenbeispiele. 1954. (*576/576a*)

Die Kunst des Dirigierens von *H. W. von Waltershausen* †. 2., vermehrte Auflage. 138 Seiten. Mit 19 Not nb i pi l n. 1954. (*1147*)

Die Technik des Klavierspiels aus dem Geiste des musikalischen Kunstwerkes von *K. Schubert* †. 3. Auflage. 110 Seiten. Mit Notenb.i.spi.len. 1954. (*1045*)

Kunst

Stilkunde von *H. Weigert*. 2 Bände. 3., durchgesehene und ergänzte Auflage.

I: Vorzeit, Antike, Mittelalter. 136 Seiten, 94 Abbildungen. 1958. (*80*)

II: Spätmittelalter und Neuzeit. 150 Seiten, 88 Abbildungen. 1958. (*781*)

Archäologie von *A. Rumpf*. 2 Bände.

I: Einleitung, historischer Überblick. 143 Seiten, 6 Abbildungen, 12 Tafeln. 1953. (*538*)

II: Die Archäologensprache. Die antiken Reproduktionen. 136 Seiten, 7 Abbildungen, 12 Tafeln. 1956. (*539*)

Geschichte

Einführung in die Geschichtswissenschaft von *P. Kirn*. 3., durchgesehene Auflage. 128 Seiten. 1959. (*270*)

Zeitrechnung der römischen Kaiserzeit, des Mittelalters und der Neuzeit für die Jahre 1—2000 n. Chr. von *H. Lietzmann* †. 3. Auflage, durchgesehen von *K. Aland*. 130 Seiten. 1956. (*1085*)

Kultur der Urzeit von *F. Behn*. 3 Bände. 4. Auflage der Kultur der Urzeit Bd. 1—3 von *M. Hoernes*.

I: Die vormetallischen Kulturen. (Die Steinzeiten Europas. Gleichartige Kulturen in anderen Erdteilen.) 172 Seiten, 48 Abbildungen. 1950. (*564*)

II: Die älteren Metallkulturen. (Der Beginn der Metallbenutzung. Kupfer- und Bronzezeit in Europa, im Orient und in Amerika.) 160 Seiten, 67 Abbildungen. 1950. (*565*)

III: Die jüngeren Metallkulturen. (Das Eisen als Kulturmetall, Hallstatt-Latène-Kultur in Europa. Das erste Auftreten des Eisens in den anderen Weltteilen.) 149 Seiten, 60 Abbildungen. 1950. (*566*)

Vorgeschichte Europas von *F. Behn*. Völlig neue Bearbeitung der 7. Auflage der „Urgeschichte der Menschheit" von *M. Hoernes*. 125 Seiten, 47 Abbildungen. 1949. (*42*)

Der Eintritt der Germanen in die Geschichte von *J. Haller* †. 3. Auflage, durchgesehen von *H. Dannenbauer*. 120 Seiten, 6 Kartenskizzen. 1957. (*1117*)

Von den Karolingern zu den Staufern. Die altdeutsche Kaiserzeit (900—1250) von *J. Haller* †. 4., durchgesehene Auflage von *H. Dannenbauer*. 142 Seiten, 4 Karten. 1958. (*1065*)

Deutsche Geschichte im Zeitalter der Reformation, der Gegenreformation und des dreißigjährigen Krieges von *F. Hartung*. 129 Seiten. 1951. (*1105*)

Deutsche Geschichte von 1648—1740. Politischer und geistiger Wiederaufbau von *W. Treue*. 120 Seiten. 1956. (*35*)

Deutsche Geschichte von 1713—1806 von *W. Treue*. 168 Seiten. 1957. (*39*)

Deutsche Geschichte von 1807—1871 von *W. Treue*. In Vorbereitung. (*893*)

Deutsche Geschichte von 1871 bis zur Gegenwart von *W. Treue*. In Vorbereitung (*894*)

Quellenkunde der Deutschen Geschichte im Mittelalter (bis zur Mitte des 15. Jahrhunderts) von *K. Jacob* †. 3 Bände.
I: Einleitung. Allgemeiner Teil. Die Zeit der Karolinger. 6., neubearbeitete Auflage von *H. Hohenleutner*. In Vorbereitung. (*279*)
II: Die Kaiserzeit (911—1250). 5., neubearbeitete Auflage von *H. Hohenleutner*. 1959. In Vorbereitung. (*280*)
III: Das Spätmittelalter (vom Interregnum bis 1500). Herausgegeben von *F. Weden*. 152 Seiten. 1952. (*284*)

Geschichte Englands von *H. Preller*. 2 Bände.
I: bis 1815. 3., stark umgearbeitete Auflage. 135 Seiten, 7 Stammtafeln, 2 Karten. 1952. (*375*)
II: Von 1815 bis 1910. 2., völlig umgearbeitete Auflage. 118 Seiten, 1 Stammtafel, 7 Karten. 1954. (*1088*)

Römische Geschichte von *F. Altheim*. 4 Bände. 2., verbesserte Auflage.
I: Bis zur Schlacht bei Pydna (168 v. Chr.). 124 Seiten. 1956. (*19*)
II: Bis zur Schlacht bei Actium (31 v. Chr.). 129 Seiten. 1956. (*677*)
III: Bis zur Schlacht an der Milvischen Brücke (312 n. Chr.). 148 Seiten. 1958. (*679*)
IV: Bis zur Schlacht am Yarmuk (636 n. Chr.). In Vorbereitung. (*684*)

Geschichte der Vereinigten Staaten von Amerika von *O. Graf zu Stolberg-Wernigerode*. 192 Seiten, 10 Karten. 1956. (*1051/1051a*)

Deutsche Sprache und Literatur

Geschichte der Deutschen Sprache von *H. Sperber*. 3. Auflage, besorgt von *W. Fleischhauer*. 128 Seiten. 1958. (*915*)

Deutsches Rechtschreibungswörterbuch von *M. Gottschald* †. 2., verbesserte Auflage. 219 Seiten. 1953. (*200/200a*)

Deutsche Wortkunde. Eine kulturgeschichtliche Betrachtung des deutschen Wortschatzes von *A. Schirmer*. 3., durchgesehene Auflage. 109 Seiten. 1949. (*929*)

Deutsche Sprachlehre von *W. Hofstaetter*. 9., neubearbeitete Auflage von *G. Spree*. 144 Seiten. 1953. (*20*)

Stimmkunde für Beruf, Kunst und Heilzwecke von *H. Biehle*. 111 Seiten. 1955. (*60*)

Redetechnik. Einführung in die Rhetorik von *H. Biehle*. 115 Seiten. 1954. (*61*)

Sprechen und Sprachpflege (Die Kunst des Sprechens) von *H. Feist*. 2., verbesserte Auflage. 99 Seiten, 25 Abbildungen. 1952. (*1122*)

Deutsches Dichten und Denken von der germanischen bis zur staufischen Zeit von *H. Naumann* †. (Deutsche Literatur vom 5.—13. Jahrhundert.) 2., verbesserte Auflage. 166 Seiten. 1952. (*1121*)

Deutsches Dichten und Denken vom Mittelalter zur Neuzeit von *G. Müller* (1270 bis 1700). 2., durchgesehene Auflage. 159 Seiten. 1949. (*1086*)

Deutsches Dichten und Denken von der Aufklärung bis zum Realismus (Deutsche Literaturgeschichte von 1700—1890) von *K. Viëtor* †. 3., durchgesehene Auflage. 159 Seiten. 1958. (*1096*)

Der Nibelunge Nôt in Auswahl mit kurzem Wörterbuch von *K. Langosch.* 10., durchgesehene Auflage. 164 Seiten. 1956. (*1*)

Kudrun- und Dietrich-Epen in Auswahl mit Wörterbuch von *O. L. Jiriczek.* 6. Auflage, bearbeitet von *R. Wisniewski.* 173 Seiten. 1957. (*10*)

Wolfram von Eschenbach. Parzival. Eine Auswahl mit Anmerkungen und Wörterbuch von *H. Jantzen.* 2. Auflage, bearbeitet von *H. Kolb.* 128 Seiten. 1957. (*921*)

Hartmann von Aue. Der arme Heinrich nebst einer Auswahl aus der „Klage", dem „Gregorius" und den Liedern (mit einem Wörterverzeichnis) herausgegeben von *F. Maurer.* 96 Seiten. 1958. (*18*)

Gottfried von Strassburg von *F. Maurer.* 142 Seiten. 1959. (*22*)

Die deutschen Personennamen von *M. Gottschald* †. 2., verbesserte Auflage. 151 Seiten. 1955. (*422*)

Althochdeutsches Elementarbuch. Grammatik und Texte von *H. Naumann* † und *W. Betz.* 2., verbesserte und vermehrte Auflage. 156 Seiten. 1954. (*1111*)

Mittelhochdeutsche Grammatik von *H. de Boor* und *R. Wisniewski.* 141 Seiten. 1956. (*1108*)

Indogermanisch, Germanisch

Indogermanische Sprachwissenschaft von *H. Krahe.* 2 Bände. 3., neubearbeitete Aufl.
I: Einleitung und Lautlehre. 106 Seiten. 1958. (*59*)
II: Formenlehre. 100 Seiten. 1959. (*64*)

Gotisches Elementarbuch. Grammatik, Texte mit Übersetzung und Erläuterungen mit einer Einleitung von *H. Hempel.* 2., umgearbeitete Aufl. 165 Seiten. 1953. (*79*)

Germanische Sprachwissenschaft von *H. Krahe.* 2 Bände. 3., neubearbeitete Auflage.
I: Einleitung und Lautlehre. 147 Seiten. 1956. (*238*)
II: Formenlehre. 149 Seiten. 1957. (*780*)

Altnordisches Elementarbuch. Schrift, Sprache, Texte mit Übersetzung und Wörterbuch von *F. Ranke.* 2., durchgesehene Auflage. 146 Seiten. 1949. (*1115*)

Englisch, Romanisch

Altenglisches Elementarbuch von *M. Lehnert.* Einführung, Grammatik, Texte mit Übersetzung und Wörterbuch. 4., verbesserte Auflage. 178 Seiten. 1959. (*1125*)

Historische neuenglische Laut- und Formenlehre von *E. Ekwall.* 3., durchgesehene Auflage. 150 Seiten. 1956. (*735*)

Englische Phonetik von *H. Mutschmann* †. 117 Seiten. 1956. (*601*)

Englische Literaturgeschichte von *F. Schubel.* 4 Bände.
I: Die alt- und mittelenglische Periode. 163 Seiten. 1954. (*1114*)
II: Von der Renaissance bis zur Aufklärung. 160 Seiten. 1956. (*1116*)
III: Romantik und Viktorianismus. 1959. In Vorbereitung. (*1124*)

Beowulf von *M. Lehnert*. Eine Auswahl mit Einführung, teilweiser Übersetzung, Anmerkungen und etymologischem Wörterbuch. 3., verbesserte Auflage. 135 Seiten. 1959. (*1135*)

Shakespeare von *P. Meißner* †. 2. Auflage, neubearbeitet von *M. Lehnert*. 136 Seiten. 1954. (*1142*)

Italienische Literaturgeschichte von *K. Voßler* †. Unveränderter Nachdruck der 1927 erschienenen 4., durchgesehenen und verbesserten Auflage. 148 Seiten. 1948. (*125*)

Romanische Sprachwissenschaft von *H. Lausberg*. 2 Bände.
I: Einleitung und Vokalismus. 160 Seiten. 1956. (*128/128a*)
II: Konsonantismus. 95 Seiten. 1956. (*250*)

Griechisch, Lateinisch

Griechische Sprachwissenschaft von *W. Brandenstein*. 2 Bände.
I: Einleitung, Lautsystem, Etymologie. 160 Seiten. 1954. (*117*)
II: Wortbildung und Formenlehre. 192 Seiten. 1959. (*118/118a*)

Geschichte der griechischen Sprache. 2 Bände.
I: Bis zum Ausgang der klassischen Zeit von *O. Hoffmann* †. 3. Auflage bearbeitet von *A. Debrunner* †. 156 Seiten. 1953. (*111*)
II: Grundfragen und Grundzüge des nachklassischen Griechisch von *A. Debrunner* †. 144 Seiten. 1954. (*114*)

Geschichte der lateinischen Sprache von *F. Stolz* †. 3., stark umgearbeitete Auflage von *A. Debrunner* †. 136 Seiten. 1953. (*492*)

Hebräisch, Sanskrit, Russisch

Hebräische Grammatik von *G. Beer* †. 2 Bände. 2., völlig neubearbeitete Auflage von *R. Meyer*.
I: Schrift-, Laut- und Formenlehre I. 157 Seiten. 1952. (*763/763a*)
II: Formenlehre II. Syntax und Flexionstabellen. 195 Seiten. 1955. (*764/764a*)

Hebräisches Textbuch von *R. Meyer*. In Vorbereitung. (*769/769a*)

Sanskrit-Grammatik von *M. Mayrhofer*. 89 Seiten. 1953. (*1158*)

Russische Grammatik von *E. Berneker* †. 6., unveränderte Auflage von *M. Vasmer*. 155 Seiten. 1947. (*66*)

Erd- und Länderkunde

Afrika von *F. Jaeger*. Ein geographischer Überblick. 2 Bände. 2., umgearbeitete Auflage.
I: Der Lebensraum. 179 Seiten, 18 Abbildungen. 1954. (*910*)
II: Mensch und Kultur. 155 Seiten, 6 Abbildungen. 1954. (*911*)

Australien und Ozeanien von *H. J. Krug*. 176 Seiten, 46 Skizzen. 1953. (*319*)

Volkswirtschaft, Statistik, Publizistik

Allgemeine Betriebswirtschaftslehre von *K. Mellerowicz.* 4 Bände. 10., erweiterte und veränderte Auflage.
I: 224 Seiten. 1958. *(1008/1008a)*
II: 188 Seiten. 1959. *(1153/1153a)*
III: 260 Seiten. 1959. *(1154/1154a)*
IV: 209 Seiten. 1959. *(1186/1186a)*
Diese 4 Bände sind auch in Ganzleinen gebunden zum Preise von je DM 6,30 lieferbar.

Allgemeine Volkswirtschaftslehre von *A. Paulsen.* 4 Bände.
I: Grundlegung, Wirtschaftskreislauf. 3., durchgesehene und ergänzte Auflage. 148 Seiten. 1959. *(1169)*
II: Haushalte, Unternehmungen, Marktformen. 2., durchgesehene und ergänzte Auflage. 164 Seiten, 32 Abbildungen. 1958. *(1170)*
III: Produktionsfaktoren, Geldwesen. 184 Seiten. 1959. *(1171)*
IV: Gesamtbeschäftigung, Konjunktur, Wachstum. In Vorbereitung. *(1172)*

Finanzwissenschaft von *H. Kolms.* 4 Bände.
I: Grundlegung. Öffentliche Ausgaben. 160 Seiten. 1959. *(148)*
II: Erwerbseinkünfte, Gebühren und Beiträge; Allgemeine Steuerlehre. 1959. In Vorbereitung. *(391)*
III: Besondere Steuerlehre. In Vorbereitung. *(776)*
IV: Öffentlicher Kredit. Haushaltswesen. Finanzausgleich. In Vorbereitung. *(782)*

Finanzmathematik von *M. Nicolas.* 192 Seiten, 11 Tafeln, 8 Tabellen und 72 Beispiele. 1959. *(1183, 1183a)*

Industrie- und Betriebssoziologie von *R. Dahrendorf.* 120 Seiten. 1956. *(103)*

Psychologie des Berufs- und Wirtschaftslebens von *W. Moede* †. 190 Seiten. 48 Abbildungen. 1958. *(851 851a)*

Allgemeine Methodenlehre der Statistik von *J. Pfanzagl.* 2 Bände.
I: 1959. In Vorbereitung *(746/746a)*

Zeitungslehre von *E. Dovifat.* 2 Bände. 3., neubearbeitete Auflage.
I: Theoretische und rechtliche Grundlagen — Nachricht und Meinung — Sprache und Form. 148 Seiten. 1955. *(1039)*
II: Redaktion — Die Sparten: Verlag und Vertrieb, Wirtschaft und Technik, Sicherung der öffentlichen Aufgabe. 158 Seiten. 1955. *(1040)*

Naturwissenschaften

Mathematik

Geschichte der Mathematik von J. E. Hofmann. 3 Bände.
I: Von den Anfängen bis zum Auftreten von Fermat und Descartes. 200 Seiten. 1953. *(226)*
II: Von Fermat und Descartes bis zur Erfindung des Calculus und bis zum Ausbau der neuen Methoden. 109 Seiten. 1957. *(875)*
III: Von den Auseinandersetzungen um den Calculus bis zur französischen Revolution. 107 Seiten. 1957. *(882)*

NATURWISSENSCHAFTEN

Mathematische Formelsammlung von *F. Ringleb*. Vollständig umgearbeitete Neuausgabe des Werkes von *O. Th. Bürklen* †. 6., erweiterte Auflage. 278 Seiten, 37 Fig. 1956. (*51/51a*)

Fünfstellige Logarithmen von *A. Adler*. Mit mehreren graphischen Rechentafeln und häufig vorkommenden Zahlenwerten. 3. Auflage. 127 Seiten, 1 Tafel. 1959. (*423*)

Arithmetik von *P. B. Fischer* †. 3. Auflage von *H. Rohrbach*. 152 Seiten, 19 Abbildungen. 1958. (*47*)

Höhere Algebra von *H. Hasse*. 2 Bände. 4., durchgesehene Auflage.
I: Lineare Gleichungen. 152 Seiten. 1957. (*931*)
II: Gleichungen höheren Grades. 158 Seiten, 5 Figuren. 1958. (*932*)

Aufgabensammlung zur höheren Algebra von *H. Hasse* und *W. Klobe*. 2., verbesserte und vermehrte Auflage. 181 Seiten. 1952. (*1082*)

Elementare und klassische Algebra vom modernen Standpunkt von *W. Krull*. 2 Bände.
I: 2., erweiterte Auflage. 136 Seiten. 1952. (*930*)
II: 132 Seiten. 1959. (*933*)

Einführung in die Zahlentheorie von *A. Scholz* †. Überarbeitet und herausgegeben von *B. Schoeneberg*. 2. Auflage. 128 Seiten. 1955. (*1131*)

Formale Logik von *P. Lorenzen*. 165 Seiten. 1958. (*1176/1176a*)

Elemente der Funktionentheorie von *K. Knopp* †. 4. Auflage. 144 Seiten, 23 Figuren. 1955. (*1109*)

Funktionentheorie von *K. Knopp* †. 2 Bände.
I: Grundlagen der allgemeinen Theorie der analytischen Funktionen. 9., neubearbeitete Auflage. 144 Seiten, 8 Figuren. 1957. (*668*)
II: Anwendungen und Weiterführung der allgemeinen Theorie. 8./9. Auflage. 130 Seiten, 7 Figuren. 1955. (*703*)

Aufgabensammlung zur Funktionentheorie von *K. Knopp* †. 2 Bände.
I: Aufgaben zur elementaren Funktionentheorie. 5. Auflage. 135 Seiten. 1957. (*877*)
II: Aufgaben zur höheren Funktionentheorie. 5. Auflage. 144 Seiten. 1959. (*878*)

Gewöhnliche Differentialgleichungen von *G. Hoheisel*. 5., durchgesehene Auflage. 129 Seiten. 1956. (*920*)

Partielle Differentialgleichungen von *G. Hoheisel*. 3., neubearbeitete Auflage. 130 Seiten. 1953. (1003)

Aufgabensammlung zu den gewöhnlichen und partiellen Differentialgleichungen von *G. Hoheisel*. 3., durchgesehene und verbesserte Auflage. 124 Seiten. 1958. (*1059*)

Integralgleichungen von *G. Hoheisel*. 2., durchgesehene Auflage. 1959. In Vorbereitg. (*1099*)

Mengenlehre von *E. Kamke*. 3., neubearbeitete Auflage. 194 Seiten, 6 Figuren. 1955. (*999/999a*)

Gruppentheorie von *L. Baumgartner*. 3., neubearbeitete Auflage. 110 Seiten, 3 Tafeln. 1958. (*837*)

Ebene und sphärische Trigonometrie von *G. Hessenberg* †. 5. Auflage, durchgesehen von *H. Kneser*. 172 Seiten, 60 Figuren. 1957. (*99*)

Darstellende Geometrie von *W. Haack.* 3 Bände.
I: Die wichtigsten Darstellungsmethoden. Grund- und Aufriß ebenflächiger Körper. 2., durchgesehene und ergänzte Auflage. 113 Seiten, 120 Abbildungen. 1958. *(142)*
II: Körper mit krummen Begrenzungsflächen. Kotierte Projektionen. 2., durchgesehene und ergänzte Auflage. 129 Seiten, 86 Abbildungen. 1959. *(143)*
III: Axonometrie und Perspektive. 127 Seiten, 100 Abbildungen. 1957. *(144)*

Analytische Geometrie von *K. P. Grotemeyer.* 202 Seiten, 73 Abbildungen. 1958. *(65/65a)*

Nichteuklidische Geometrie. Hyperbolische Geometrie der Ebene von *R. Baldus* †. Durchgesehen und herausgegeben von *F. Löbell.* 3., verbesserte Auflage. 140 Seiten, 70 Figuren. 1953. *(970)*

Differentialgeometrie von *K. Strubecker* (früher *Rothe*). 3 Bände.
I: Kurventheorie der Ebene und des Raumes. 150 Seiten, 18 Figuren. 1955. *(1113/1113a)*
II: Theorie der Flächenmetrik. 195 Seiten, 14 Figuren. 1958. *(1179/1179a)*
III: Theorie der Flächenkrümmung. 254 Seiten, 38 Figuren. 1959. *(1180/1180a)*

Einführung in die konforme Abbildung von *L. Bieberbach.* 5., erweiterte Auflage. 180 Seiten, 42 Figuren. 1956. *(768/768a)*

Vektoren und Matrizen von *S. Valentiner.* 8., erweiterte Auflage der „Vektoranalysis". Mit Anhang: Aufgaben zur Vektorrechnung von *H. König.* 202 Seiten, 35 Figuren. 1958. *(354/354a)*

Versicherungsmathematik von *F. Böhm.* 2 Bände.
I: Elemente der Versicherungsrechnung. 3., vermehrte und verbesserte Auflage. Durchgesehener Neudruck. 151 Seiten. 1953. *(180)*
II: Lebensversicherungsmathematik. Einführung in die technischen Grundlagen der Sozialversicherung. 2., verbesserte und vermehrte Auflage. 205 Seiten. 1953. *(917/917a)*

Finanzmathematik von *M. Nicolas.* 192 Seiten, 11 Tafeln, 8 Tabellen und 72 Beispiele. 1959. *(1183/1183a)*

Physik

Einführung in die theoretische Physik von *W. Döring.* 5 Bände.
I: Mechanik. 119 Seiten, 29 Abbildungen. 1954. *(76)*
II: Das elektromagnetische Feld. 122 Seiten, 15 Abbildungen. 1955. *(77)*
III: Optik. 117 Seiten, 32 Abbildungen. 1956. *(78)*
IV: Thermodynamik. 107 Seiten, 9 Abbildungen. 1956. *(374)*
V: Statistische Mechanik. 114 Seiten, 12 Abbildungen. 1957. *(1017)*

Atomphysik von *K. Bechert* und *Ch. Gerthsen* †. 7 Bände.
I: Allgemeine Grundlagen. 1. Teil. 4., durchgesehene Auflage von *A. Flammersfeld.* 124 Seiten, 35 Abbildungen. 1959. *(1009)*
II: Allgemeine Grundlagen. 2. Teil. 3., umgearbeitete Auflage. 112 Seiten, 48 Abbildungen. 1955. *(1033)*
III: Theorie des Atombaus. 1. Teil. 3., umgearbeitete Auflage. 148 Seiten, 16 Abbildungen. 1954. *(1123/1123a)*
IV: Theorie des Atombaus. 2. Teil. 3., umgearbeitete Auflage. 170 Seiten, 14 Abbildungen. 1954. *(1165/1165a)*

Differentialgleichungen der Physik von *F. Sauter.* 3., durchgesehene und ergänzte Auflage. 148 Seiten, 16 Figuren. 1958. *(1070)*

Physikalische Formelsammlung von *G. Mahler* †. Neubearbeitet von *K. Mahler*. 10., durchgesehene Auflage. 153 Seiten, 69 Figuren. 1959. (*136*)

Physikalische Aufgabensammlung von *G. Mahler* †. Neubearbeitet von *K. Mahler*. Mit den Ergebnissen. 10., durchgesehene Auflage. 127 Seiten. 1959. (*243*)

Chemie

Geschichte der Chemie in kurzgefaßter Darstellung von *G. Lockemann*. 2 Bände.
I: Vom Altertum bis zur Entdeckung des Sauerstoffs. 142 Seiten, 8 Bildnisse. 1950. (*264*)
II: Von der Entdeckung des Sauerstoffs bis zur Gegenwart. 151 Seiten, 16 Bildnisse. 1955. (*265/265a*)

Anorganische Chemie von *W. Klemm*. 10., überarbeitete und ergänzte Auflage. 185 Seiten, 18 Abbildungen. 1958. (*37*)

Organische Chemie von *W. Schlenk*. 7., erweiterte Auflage. 269 Seiten, 16 Abbildungen. 1957. (*38/38a*)

Physikalische Methoden der Organischen Chemie von *G. Kresze*. 1959. In Vorbereitung. (*44*)

Allgemeine und physikalische Chemie von *W. Schulze*. 2 Bände. 4., neubearb. Aufl.
I: 139 Seiten, 10 Figuren. 1955. (*71*)
II: 176 Seiten, 37 Figuren. 1956. (*698/698a*)

Molekülbau. Theoretische Grundlagen und Methoden der Strukturermittlung von *W. Schulze*. 123 Seiten, 43 Figuren. 1958. (*786*)

Physikalisch-chemische Rechenaufgaben von *E. Asmus*. 3., verbesserte Auflage. 96 Seiten. 1958. (*445*)

Analytische Chemie von *J. Hoppe*. 2 Bände. 5., verbesserte Auflage.
I: Reaktionen. 135 Seiten. 1950. (*247*)

Maßanalyse. Theorie und Praxis der klassischen und der elektrochemischen Titrierverfahren von *G. Jander* und *K. F. Jahr*. 8., durchgesehene und ergänzte Auflage. 313 Seiten, 49 Figuren. 1959. (*221/221a*)

Thermochemie von *W. A. Roth* †. 2., verbesserte Auflage. 109 Seiten, 16 Figuren. 1952. (*1057*)

Stöchiometrische Aufgabensammlung von *W. Bahrdt* † und *R. Scheer*. Mit den Ergebnissen. 6., durchgesehene Auflage. 118 Seiten. 1957. (*452*)

Technologie

Die Chemie der Kunststoffe von *K. Hamann*. 1959. In Vorbereitung. (*1173*)

Warenkunde von *K. Hassak* † und *E. Beutel* †. 2 Bände.
I: Anorganische Waren sowie Kohle und Erdöl. 8. Auflage. Neubearbeitet von *A. Kutzelnigg*. 119 Seiten, 18 Figuren. 1958. (*222*)
II: Organische Waren. 7. Auflage. Neubearbeitet von *A. Kutzelnigg*. 143 Seiten, 32 Figuren. 1949. (*223*)

Die Fette und Öle von *K. Braun* †. 5., völlig neubearbeitete und verbesserte Auflage von *Th. Klug.* 145 Seiten. 1950. (*335*)

Die Seifenfabrikation von *K. Braun* †. 3., neubearbeitete und verbesserte Auflage von *Th. Klug.* 116 Seiten, 18 Abbildungen. 1953. (*336*)

Textilindustrie von *A. Blümcke.*
I: Spinnerei und Zwirnerei. 111 Seiten, 43 Abbildungen. 1954. (*184*)

Biologie

Einführung in die allgemeine Biologie und ihre philosophischen Grund- und Grenzfragen von *M. Hartmann.* 132 Seiten, 2 Abbildungen. 1956. (*96*)

Hormone von *G. Koller.* 2., neubearbeitete und erweiterte Auflage. 187 Seiten, 60 Abbildungen, 19 Tabellen. 1949. (*1141*)

Fortpflanzung im Tier- und Pflanzenreich von *J. Hämmerling.* 2., ergänzte Auflage. 135 Seiten, 101 Abbildungen. 1951. (*1138*)

Geschlecht und Geschlechtsbestimmung im Tier- und Pflanzenreich von *M. Hartmann.* 2., verbesserte Auflage. 116 Seiten, 61 Abbildungen, 7 Tabellen. 1951. (*1127*)

Symbiose der Tiere mit pflanzlichen Mikroorganismen von *P. Buchner.* 2., verbesserte und vermehrte Auflage. 130 Seiten, 121 Abbildungen. 1949. (*1128*)

Mikrobiologie von *W. Schwartz* und *A. Müller.* 2 Bände. 2., verbesserte und ergänzte Auflage.
I: 1959. In Vorbereitung. (*1155*)

Botanik

Entwicklungsgeschichte des Pflanzenreiches von *H. Heil.* 2. Auflage. 138 Seiten, 94 Abbildungen, 1 Tabelle. 1950. (*1137*)

Morphologie der Pflanzen von *L. Geitler.* 3., umgearbeitete Auflage. 126 Seiten, 114 Abbildungen. 1953. (*141*)

Pflanzengeographie von *L. Diels* †. 5., völlig neubearbeitete Auflage von *F. Mattick.* 195 Seiten, 2 Karten. 1958. (*389/389a*)

Die Laubhölzer. Kurzgefaßte Beschreibung der in Mitteleuropa gedeihenden Laubbäume und Sträucher von *F. W. Neger* † und *E. Münch* †. 3., durchgesehene Auflage, herausgegeben von *B. Huber.* 143 Seiten, 63 Figuren, 7 Tabellen. 1950. (*718*)

Die Nadelhölzer (Koniferen) und übrigen Gymnospermen von *F. W. Neger* † und *E. Münch* †. 4. Auflage, durchgesehen und ergänzt von *B. Huber.* 140 Seiten, 75 Figuren, 4 Tabellen, 3 Karten. 1952. (*355*)

Pflanzenzüchtung von *H. Kuckuck.* 2 Bände.
I: Grundzüge der Pflanzenzüchtung. 3., völlig umgearbeitete und erweiterte Auflage. 132 Seiten, 22 Abbildungen. 1952. (*1134*)
II: Spezielle gartenbauliche Pflanzenzüchtung (Züchtung von Gemüse, Obst und Blumen). 178 Seiten, 27 Abbildungen. 1957. (*1178/1178a*)

Zoologie

Entwicklungsphysiologie der Tiere von *F. Seidel.* 2 Bände.
- I: Ei und Furchung. 126 Seiten, 29 Abbildungen. 1953. (*1162*)
- II: Körpergrundgestalt und Organbildung. 159 Seiten, 42 Abbildungen. 1953. (*1163*)

Das Tierreich
- I: Einzeller, Protozoen von *E. Reichenow.* 115 Seiten, 59 Abbildungen. 1956. (*444*)
- II: Schwämme und Hohltiere von *H. J. Hannemann.* 95 Seiten, 80 Abbildungen. 1956. (*442*)
- III: Würmer. Platt-, Hohl-, Schnurwürmer, Kamptozoen, Ringelwürmer, Protracheaten, Bärtierchen, Zungenwürmer von *S. Jaeckel.* 114 Seiten, 36 Abbildungen. 1955. (*439*)
- IV,1: Krebse von *H. E. Gruner* und *K. Deckert.* 114 Seiten, 43 Abbildungen. 1956. (*443*)
- IV,2: Spinnentiere (Trilobitomorphen, Fühlerlose) und Tausendfüßler von *A. Kaestner.* 96 Seiten, 55 Abbildungen. 1955. (*1161*)
- IV,3: Insekten von *H. von Lengerken.* 128 Seiten, 58 Abbildungen. 1953. (*594*)
- V: Weichtiere. Urmollusken, Schnecken, Muscheln und Kopffüßer von *S. Jaeckel.* 92 Seiten, 34 Abbildungen. 1954. (*440*)
- VI: Stachelhäuter. Tentakulaten, Binnenatmer und Pfeilwürmer von *S. Jaeckel.* 100 Seiten, 46 Abbildungen. 1955. (*441*)
- VII,2: Fische von *D. Lüdemann.* 130 Seiten, 65 Abbildungen. 1955. (*356*)
- VII,3: Lurche (Chordatiere) von *K. Herter.* 143 Seiten, 129 Abbildungen. 1955. (*847*)
- VII,4: Kriechtiere (Chordatiere) von *K. Herter.* In Vorbereitung. (*447*)
- VII,5: Vögel (Chordatiere) von *H.-A. Freye.* In Vorbereitung. (*869*)
- VII,6: Säugetiere (Chordatiere) von *Th. Haltenorth.* In Vorbereitung. (*282*)

Land- und Forstwirtschaft

Landwirtschaftliche Tierzucht. Die Züchtung und Haltung der landwirtschaftlichen Nutztiere von *H. Vogel.* 139 Seiten, 11 Abbildungen. 1952. (*228*)

Kulturtechnische Bodenverbesserungen von *O. Fauser.* 2 Bände.
- I: Allgemeines, Entwässerung. 5., verbesserte und vermehrte Auflage. 127 Seiten, 49 Abbildungen. 1959. (*691*)
- II: Bewässerung, Ödlandkultur, Umlegung. 4., neubearbeitete Auflage. 150 Seiten, 67 Abbildungen. 1948. (*692*)

Agrikulturchemie von *K. Scharrer.* 2 Bände.
- I: Pflanzenernährung. 143 Seiten. 1953. (*329*)
- II: Futtermittelkunde. 192 Seiten. 1956. (*330/330a*)

Geologie, Mineralogie, Kristallographie

Geologie von *F. Lotze.* 176 Seiten, 80 Abbildungen. 1955. (*13*)

Mineral- und Erzlagerstättenkunde von *H. Huttenlocher* †. 2 Bände.
- I: 128 Seiten, 34 Abbildungen. 1954. (*1014*)
- II: 156 Seiten, 48 Abbildungen. 1954. (*1015/1015a*)

Allgemeine Mineralogie. 10., erweiterte Auflage der „Mineralogie" von *R. Brauns* †, bearbeitet von *K. F. Chudoba.* 120 Seiten, 120 Figuren, 1 Tafel, 3 Tabellen. 1958. (*29*)

Spezielle Mineralogie. 9., erweiterte Auflage der „Mineralogie" von *R. Brauns* †, bearbeitet von *K. F. Chudoba.* 133 Seiten, 105 Figuren. 1955. (*31*)

Petrographie (Gesteinskunde) von *W. Bruhns* †. Neubearbeitet von *P. Ramdohr.* 4., durchgesehene Auflage. 104 Seiten, 10 Figuren. 1955. (*173*)

Kristallographie von *W. Bruhns* †. 5. Auflage, neubearbeitet von *P. Ramdohr.* 109 Seiten, 164 Abbildungen. 1958. (*210*)

Einführung in die Kristalloptik von *E. Buchwald.* 4., verbesserte Auflage. 138 Seiten, 121 Figuren. 1952. (*619*)

Lötrohrprobierkunde. Mineraldiagnose mit Lötrohr- und Tüpfelreaktion. Von *M. Henglein.* 3., verbesserte Auflage. 91 Seiten, 11 Figuren. 1949. (*483*)

Technik

Graphische Darstellung in Wissenschaft und Technik von *M. Pirani.* 3., erweiterte Auflage bearbeitet von *J. Fischer* unter Benutzung der von *I. Runge* besorgten 2. Auflage. 216 Seiten, 104 Abbildungen. 1957. (*728/728a*)

Technische Tabellen und Formeln von *W. Müller.* 4., verbesserte und erweiterte Auflage von *E. Schulze.* 152 Seiten, 105 Figuren. 1951. (*579*)

Elektrotechnik

Grundlagen der allgemeinen Elektrotechnik von *O. Mohr.* 3 Bände.

I: Die drei Feldformen. 96 Seiten, 41 Abbildungen, 6 Tafeln. 1956. (*196*)

II: Die wichtigsten elektrischen und physikalischen Grunderscheinungen. 95 Seiten, 36 Abbildungen, 7 Tafeln. 1956. (*197*)

III: Schaltvorgänge, Widerstandsformen, Meßtechnik. 91 Seiten, 59 Abbildungen, 1 Tafel. 1956. (*198*)

Die Gleichstrommaschine von *K. Humburg.* 2 Bände. 2., durchgesehene Auflage.

I: 102 Seiten, 59 Abbildungen. 1956. (*257*)

II: 101 Seiten, 38 Abbildungen. 1956. (*881*)

Die synchrone Maschine von *K. Humburg.* Neudruck. 109 Seiten, 78 Abbildungen. 1951. (*1146*)

Induktionsmaschinen von *F. Unger.* 2., erweiterte Auflage. 142 Seiten, 49 Abbildungen. 1954. (*1140*)

Die komplexe Berechnung von Wechselstromschaltungen von *H. H. Meinke.* 2. Auflage. 180 Seiten, 120 Abbildungen. 1957. (*1156/1156a*)

Theoretische Grundlagen zur Berechnung der Schaltgeräte von *F. Kesselring.* 3. Auflage. 144 Seiten, 92 Abbildungen. 1950. (*711*)

Einführung in die Technik selbsttätiger Regelungen von *W. zur Megede.* 176 Seiten, 86 Abbildungen. 1956. (*714/714a*)

Elektromotorische Antriebe (Grundlagen für die Berechnung) von *A. Schwaiger.* 3., neubearbeitete Auflage. 96 Seiten, 34 Abbildungen. 1952. (*827*)

Überspannungen und Überspannungsschutz von *G. Frühauf.* Durchgesehener Neudruck. 122 Seiten, 98 Abbildungen. 1950. (*1132*)

Maschinenbau

Metallkunde von *H. Borchers.* 2 Bände. 4. Auflage.
I: Aufbau der Metalle und Legierungen. 120 Seiten, 90 Abbildungen, 2 Tabellen. 1959. (*432*)
II: Eigenschaften, Grundzüge der Form- und Zustandsgebung. 180 Seiten, 107 Abbildungen, 10 Tabellen. 1959. (*433/433a*)

Die Werkstoffe des Maschinenbaues von *A. Thum* † und *C. M. v. Meysenbug.* 2 Bände.
I: Einführung in die Werkstoffprüfung. 2., neubearbeitete Auflage. 100 Seiten, 7 Tabellen, 56 Abbildungen. 1956. (*476*)
II: Die Konstruktionswerkstoffe. 132 Seiten, 40 Abbildungen. 1959. (*936*)

Dynamik von *W. Müller.* 2 Bände. 2., verbesserte Auflage.
I: Dynamik des Einzelkörpers. 128 Seiten, 48 Figuren. 1952. (*902*)
II: Systeme von starren Körpern. 102 Seiten, 41 Figuren. 1952. (*903*)

Technische Schwingungslehre von *L. Zipperer.* 2 Bände. 2., neubearbeitete Auflage.
I: Allgemeine Schwingungsgleichungen, einfache Schwinger. 120 Seiten, 101 Abbildungen. 1953. (*953*)
II: Torsionsschwingungen in Maschinenanlagen. 102 Seiten, 59 Abbildungen. 1955. (*961/961a*)

Werkzeugmaschinen für Metallbearbeitung von *K. P. Matthes.* 2 Bände.
I: 100 Seiten, 27 Abbildungen, 11 Zahlentafeln, 1 Tafelanhang. 1954. (*561*)
II: Fertigungstechnische Grundlagen der neuzeitlichen Metallbearbeitung. 101 Seiten, 30 Abbildungen, 5 Tafeln. 1955. (*562*)

Transformatoren von *W. Schäfer.* 3., überarbeitete und ergänzte Auflage. 130 Seiten, 73 Abbildungen. 1957. (*952*)

Das Maschinenzeichnen mit Einführung in das Konstruieren von *W. Tochtermann.* 2 Bände. 4. Auflage.
I: Das Maschinenzeichnen. 156 Seiten, 75 Tafeln. 1950. (*589*)
II: Ausgeführte Konstruktionsbeispiele. 130 Seiten, 58 Tafeln. 1950. (*590*)

Die Maschinenelemente von *E. A. vom Ende.* 3., verbesserte Auflage. 166 Seiten, 175 Figuren, 9 Tafeln. 1956. (*3/3a*)

Die Maschinen der Eisenhüttenwerke von *L. Engel.* 156 Seiten, 95 Abbildungen. 1957. (*583/583a*)

Walzwerke von *H. Sedlaczek* † unter Mitarbeit von *F. Fischer* und *M. Buch.* 232 Seiten, 157 Abbildungen. 1958. (*580/580a*)

Getriebelehre von *P. Grodzinski* †. 2 Bände. 2., neubearbeitete Auflage.
I: Geometrische Grundlagen. 159 Seiten, 142 Figuren. 1953. (*1061*)

Gießereitechnik von *H. Jungbluth.* 2 Bände.
I: Eisengießerei. 126 Seiten, 44 Abbildungen. 1951. (*1159*)

Die Dampfkessel und Feuerungen einschließlich Hilfseinrichtungen in Theorie, Konstruktion und Berechnung von *W. Marcard* †. 2 Bände. 2. Auflage, neubearbeitet von *K. Beck.*
I: Die theoretischen Grundlagen, Wärme, Verbrennung, Wärmeübertragung. 150 Seiten, 42 Abbildungen, 16 Tabellen. 1951. (*9*)
II: Dampfkessel. 147 Seiten, 43 Abbildungen. 1952. (*521*)

Die Dampfturbinen. Ihre Wirkungsweise, Berechnung und Konstruktion von *C. Zietemann.* 3 Bände. 3., verbesserte Auflage.
I: Theorie der Dampfturbinen. 139 Seiten, 48 Abbildungen. 1955. (*274*)
II: Die Berechnung der Dampfturbinen und die Konstruktion der Einzelteile. 132 Seiten, 111 Abbildungen. 1956. (*715*)
III: Die Regelung der Dampfturbinen, die Bauarten, Turbinen für Sonderzwecke, Kondensationsanlagen. 126 Seiten, 90 Abbildungen. 1956. (*716*)

Verbrennungsmotoren von *W. Endres.* 3 Bände.
I: Überblick. Motor-Brennstoffe. Verbrennung im Motor allgemein, im Otto- und Diesel-Motor. 153 Seiten, 57 Abbildungen. 1958. (*1076/1076a*)
II: Die heutigen Typen der Verbrennungskraftmaschinen. In Vorbereitung. (*1184*)
III: Die Einzelteile des Verbrennungsmotors. In Vorbereitung. (*1185*)

Technische Thermodynamik von *W. Nußelt* †. 2 Bände.
I: Grundlagen. 4., verbesserte Auflage. 144 Seiten, 71 Abbildungen. 1956. (*1084*)
II: Theorie der Wärmekraftmaschinen. 5. Auflage. 1959. In Vorbereitung. (*1151*)

Autogenes Schweißen und Schneiden von *H. Niese.* 5. Auflage, neubearbeitet von *A. Küchler.* 136 Seiten, 71 Figuren. 1953. (*499*)

Die elektrischen Schweißverfahren von *H. Niese.* 2. Auflage, neubearbeitet von *H. Dienst.* 136 Seiten, 58 Abbildungen. 1955. (*1020*)

Die Hebezeuge. Entwurf von Winden und Kranen von *G. Tafel.* 2., verbesserte Auflage. 176 Seiten, 230 Figuren. 1954. (*414/414a*)

Wasserbau

Wasserkraftanlagen von *A. Ludin* unter Mitarbeit von *W. Borkenstein.* 2 Bände.
I: Planung, Grundlagen und Grundzüge. 124 Seiten, 60 Abb. 1955. (*665*)
II: Anordnung und Ausbildung der Hauptbauwerke. 184 Seiten, 91 Abbildungen. 1958. (*666/666a*)

Verkehrswasserbau von *H. Dehnert.* 3 Bände.
I: Entwurfsgrundlagen, Flußregelungen. 103 Seiten, 52 Abbildungen. 1950. (*585*)
II: Flußkanalisierung und Schiffahrtskanäle. 94 Seiten, 60 Abbildungen. 1950. (*597*)
III: Schleusen und Hebewerke. 98 Seiten, 70 Abbildungen. 1950. (*1152*)

Wehr- und Stauanlagen von *H. Dehnert.* 134 Seiten, 90 Abbildungen. 1952. (*965*)

Talsperren von *F. Tölke.* 122 Seiten, 70 Abbildungen. 1953. (*1044*)

Hoch- und Tiefbau

Die wichtigsten Baustoffe des Hoch- und Tiefbaus von *O. Graf* †. 4., verbesserte Auflage. 131 Seiten, 63 Abbildungen. 1953. (*984*)

Baustoffverarbeitung und Baustellenprüfung des Betons von *A. Kleinlogel*. 2., neubearbeitete und erweiterte Auflage. 126 Seiten, 35 Abbildungen. 1951. (*978*)

Festigkeitslehre. 2 Bände.
I: Elastizität, Plastizität und Festigkeit der Baustoffe und Bauteile von *W. Gehler* † und *W. Herberg*. Durchgesehener und erweiterter Neudruck. 159 Seiten, 118 Abbildungen. 1952. (*1144*)
II: Formänderung, Platten, Stabilität und Bruchhypothesen von *W. Herberg* und *N. Dimitrov*. 187 Seiten, 94 Abbildungen. 1955. (*1145/1145a*)

Grundlagen des Stahlbetonbaus von *A. Troche*. 2., neubearbeitete und erweiterte Auflage. 208 Seiten, 75 Abbildungen, 17 Bemessungstafeln, 20 Rechenbeispiele. 1953. (*1078*)

Statik der Baukonstruktionen von *A. Teichmann*. 3 Bände.
I: Grundlagen. 101 Seiten, 51 Abbildungen, 8 Formeltafeln. 1956. (*119*)
II: Statisch bestimmte Stabwerke. 107 Seiten, 52 Abbildungen, 7 Tafeln. 1957. (*120*)
III: Statisch unbestimmte Systeme. 112 Seiten, 34 Abbildungen, 7 Formeltafeln. 1958. (*122*)

Fenster, Türen, Tore aus Holz und Metall. Eine Anleitung zu ihrer guten Gestaltung, wirtschaftlichen Bemessung und handwerksgerechten Konstruktion von *W. Wickop* †. 4., überarbeitete und ergänzte Auflage. 155 Seiten, 95 Abbildungen. 1955. (*1092*)

Heizung und Lüftung von *J. Körting* † und *W. Körting*. 2 Bände. 9., durchgesehene Auflage.
I: Das Wesen und die Berechnung der Heizungs- und Lüftungsanlagen. 1959. In Vorbereitung. (*342*)
II: Die Ausführung der Heizungs- und Lüftungsanlagen. 1959. In Vorbereitung. (*343*)

Industrielle Kraft- und Wärmewirtschaft von *F. A. F. Schmidt* und *A. Beckers*. 167 Seiten, 73 Abbildungen. 1957. (*318/318a*)

Vermessungswesen

Photogrammetrie von *G. Lehmann*. 1959. In Vorbereitung. (*1188/1188a*)

Vermessungskunde von *P. Werkmeister*. 3 Bände.
I: Stückvermessung und Nivellieren. 10., völlig neubearbeitete Auflage von *W. Großmann*. 143 Seiten, 117 Figuren. 1958. (*468*)
II: Horizontalaufnahmen und ebene Rechnungen. 8., völlig neubearbeitete Auflage von *W. Grossmann*. 133 Seiten, 97 Figuren. 1949. (*469*)
III: Trigonometrische und barometrische Höhenmessung. Tachymetrie und Topographie. 6. Auflage. 147 Seiten, 64 Figuren. 1949. (*862*)

Sammlung Göschen / Bandnummernfolge

1 Langosch, Der Nibelunge Nôt
3/3a v. Ende, Die Maschinenelemente
9 Marcard-Beck, Dampfkessel I
10 Jiriczek-Wisniewski, Kudrun- und Dietrich-Epen
13 Lotze, Geologie
18 Maurer, Hartmann von Aue
19 Altheim, Römische Geschichte I
20 Hofstaetter-Spree, Dt. Sprachlehre
22 Maurer, Gottfried von Strassburg
29 Brauns-Chudoba, Allg. Mineralogie
31 Brauns-Chudoba, Spez. Mineralogie
35 Treue, Dt. Geschichte von 1648 bis 1740
37 Klemm, Anorganische Chemie
38/38a Schlenk, Organische Chemie
39 Treue, Dt. Geschichte von 1713 bis 1806
42 Behn, Vorgeschichte Europas
44 Kresze, Physikalische Methoden der organischen Chemie
47 Fischer-Rohrbach, Arithmetik
51/51a Ringleb-Bürklen, Mathematische Formelsammlung
59 Krahe, Indogerm. Sprachwissensch. I
60 Biehle, Stimmkunde
61 Biehle, Redetechnik
64 Krahe, Indogerm. Sprachwissensch. II
65/65a Grotemeyer, Analyt. Geometrie
66 Berneker-Vasmer, Russische Grammatik
71 Schulze, Allgemeine und physikalische Chemie I
76 Döring, Einführung in die theoret. Physik I
77 Döring, Einführung in die theoret. Physik II
78 Döring, Einführung in die theoret. Physik III
79 Hempel, Gotisches Elementarbuch
80 Weigert, Stilkunde I
96 Hartmann, Einf. i. d. allgem. Biologie
99 Hessenberg-Kneser, Ebene und sphär. Trigonometrie
101 v. Wiese, Soziologie
103 Dahrendorf, Industrie- und Betriebssoziologie
104/104a Hofstätter, Sozialpsychologie
111 Hoffmann-Debrunner, Gesch. der griechischen Sprache I
114 Debrunner, Gesch. der griechischen Sprache II
117 Brandenstein, Griechische Sprachwissenschaft I
118/118a Brandenstein, Griechische Sprachwissenschaft II
119 Teichmann, Statik der Baukonstruktionen I
120 Teichmann, Statik der Baukonstruktionen II
122 Teichmann, Statik der Baukonstruktionen III
125 Vossler, Ital. Literaturgeschichte
128/128a Lausberg, Romanische Sprachwissenschaft I
136 Mahler, Physikalische Formelsammlung
141 Geitler, Morphol. der Pflanzen
142 Haack, Darst. Geometrie I
143 Haack, Darst. Geometrie II
144 Haack, Darst. Geometrie III
145 Weimer, Gesch. der Pädagogik
148 Kolms, Finanzwissenschaft I
156/156a Landmann, Philosophische Anthropologie
170 Oehlmann, Musik des 19. Jahrh.
171/171a Oehlmann, Musik des 20. Jahrh.
173 Bruhns-Ramdohr, Petrographie
180 Böhm, Versicherungsmathematik I
184 Blümcke, Textilindustrie I
196 Mohr, Grundlagen der Elektrotechnik I
197 Mohr, Grundlagen der Elektrotechnik II
198 Mohr, Grundlagen der Elektrotechnik III
200/200a Gottschald, Dt. Rechtschreibungswörterbuch
210 Bruhns-Ramdohr, Kristallographie
220/220a Moser, Allg. m. Musiklehre
221/221a Jander-Jahr, Maßanalyse
222 Hassak-Beutel, Warenkunde I
223 Hassak-Beutel, Warenkunde II
226 Hofmann, Geschichte d. Mathematik I
228 Vogel, Landw. Tierzucht
231/231a Ehrlich, Geschichte Israels
238 Krahe, German. Sprachwiss. I
243 Mahler, Physikal. Aufgabensammlung
247 Hoppe, Analytische Chemie I

BANDNUMMERNFOLGE

250 Lausberg, Romanische Sprachwissenschaft II
257 Humburg, Gleichstrommaschine I
264 Lockemann, Geschichte der Chemie I
265/265a Lockemann, Geschichte der Chemie II
270 Kirn, Einführung in die Geschichtswissenschaft
274 Zietemann, Dampfturbinen I
279 Jacob, Quellenkunde der deutschen Geschichte I
280 Jacob-Hohenleutner, Quellenkunde der deutschen Geschichte II
281 Leisegang, Einführung in die Philosophie
282 Haltenorth, Säugetiere
284 Jacob-Weden, Quellenkunde der deutschen Geschichte III
318/318a Schmidt-Beckers, Industrielle Kraft- und Wärmewirtschaft
319 Krug, Australien und Ozeanien
329 Scharrer, Agrikulturchemie I
330/330a Scharrer, Agrikulturchemie II
335 Braun-Klug, Fette und Öle
336 Braun-Klug, Seifenfabrikation
342 Körting, Heizung und Lüftung I
343 Körting, Heizung und Lüftung II
344 Moser, Musikästhetik
354/354a Valentiner-König, Vektoren und Matrizen
355 Neger-Münch, Nadelhölzer
356 Lüdemann, Fische
374 Döring, Einführung in die theoret. Physik IV
375 Preller, Geschichte Englands I
389/389a Diels-Mattick, Pflanzengeographie
391 Kolms, Finanzwissenschaft II
394/394a Schilling, Von der Renaissance bis Kant
414/414a Tafel, Hebezeuge
422 Gottschald, Deutsche Personennamen
423 Adler, Fünfstellige Logarithmen
432 Borchers, Metallkunde I
433/433a Borchers, Metallkunde II
439 Jaeckel, Würmer
440 Jaeckel, Weichtiere
441 Jaeckel, Stachelhäuter
442 Hannemann, Schwämme und Hohltiere
443 Gruner-Deckert, Krebse
444 Reichenow, Einzeller
445 Asmus, Physikal.-chem. Rechenaufgaben
447 Herter, Kriechtiere
452 Bahrdt-Scheer, Stöchiometrische Aufgabensammlung
468 Werkmeister - Grossmann, Vermessungskunde I
469 Werkmeister - Grossmann, Vermessungskunde II
476 Thum-Meysenbug, Die Werkstoffe des Maschinenbaues I
483 Henglein, Lötrohrprobierkunde
492 Stolz-Debrunner, Geschichte der lateinischen Sprache
499 Niese-Küchler, Autogenes Schweißen
500 Simmel, Hauptprobleme der Philosophie
521 Marcard-Beck, Dampfkessel II
536 Lehmann, Kant
538 Rumpf, Archäologie I
539 Rumpf, Archäologie II
561 Matthes, Werkzeugmaschinen I
562 Matthes, Werkzeugmaschinen II
564 Behn, Kultur der Urzeit I
565 Behn, Kultur der Urzeit II
566 Behn, Kultur der Urzeit III
571 Lehmann, Philosophie des 19. Jahrhunderts I
576/576a Moser, Gesangskunst
579 Müller-Schulze, Techn. Tabellen
580/580a Sedlaczek-Fischer-Buch, Walzwerke
583/583a Engel, Maschinen der Eisenhüttenwerke
585 Dehnert, Verkehrswasserbau I
589 Tochtermann, Maschinenzeichnen I
590 Tochtermann, Maschinenzeichnen II
594 v. Lengerken, Insekten
597 Dehnert, Verkehrswasserbau II
601 Mutschmann, Engl. Phonetik
619 Buchwald, Kristalloptik
665 Ludin-Borkenstein, Wasserkraftanlagen I
666/666a Ludin-Borkenstein, Wasserkraftanlagen II
668 Knopp, Funktionentheorie I
677 Altheim, Römische Geschichte II
679 Altheim, Römische Geschichte III
684 Altheim, Römische Geschichte IV
691 Fauser, Kulturtechn. Bodenverbesserungen I

692 Fauser, Kulturtechn. Bodenverbesserungen II
698/698a Schulze, Allgemeine und physikalische Chemie II
703 Knopp, Funktionentheorie II
709 Lehmann, Philosophie des 19. Jahrhunderts II
711 Kesselring, Berechnung der Schaltgeräte
714/714a zur Megede, Technik selbsttätiger Regelungen
715 Zietemann, Dampfturbinen II
716 Zietemann, Dampfturbinen III
718 Neger-Münch, Laubhölzer
728/728a Pirani-Fischer, Graph. Darstellung in Wissenschaft und Technik
735 Ekwall, Historische neuengl. Laut- und Formenlehre
746/746a Pfanzagl, Allg. Methodenlehre der Statistik I
763/763a Beer-Meyer, Hebräische Grammatik I
764/764a Beer-Meyer, Hebräische Grammatik II
768/768a Bieberbach, Einführung in die konforme Abbildung
769/769a Meyer, Hebräisches Textbuch
776 Kolms, Finanzwissenschaft III
780 Krahe, German. Sprachwiss. II
781 Weigert, Stilkunde II
782 Kolms, Finanzwissenschaft IV
786 Schulze, Molekülbau
807 Kropp, Erkenntnistheorie I
809 Moser, Harmonielehre I
826 Koch, Philosophie des Mittelalters
827 Schwaiger Elektromotorische Antriebe
831 Erismann, Allgemeine Psychologie I
832/832a Erismann, Allgemeine Psychologie II
833 Erismann, Allgemeine Psychologie III
837 Baumgartner, Gruppentheorie
845 Lehmann, Philosophie im ersten Drittel des 20. Jahrhunderts I
847 Herter, Lurche
851/851a Moede, Psychologie des Berufs- und Wirtschaftslebens
857 Capelle, Griech. Philosophie I
858 Capelle, Griech. Philosophie II
859 Capelle, Griech. Philosophie III
862 Werkmeister, Vermessungskunde III
683 Capelle, Griech. Philosophie IV
869 Freye, Vögel
875 Hofmann, Geschichte der Mathematik II
877 Knopp, Aufgabensammlung zur Funktionentheorie I
878 Knopp, Aufgabensammlung zur Funktionentheorie II
881 Humburg, Gleichstrommaschine II
882 Hofmann, Geschichte der Mathematik III
893 Treue, Dt. Geschichte von 1807 bis 1871
894 Treue, Dt. Geschichte von 1871 bis zur Gegenwart
902 Müller, Dynamik I
903 Müller, Dynamik II
910 Jaeger, Afrika I
911 Jaeger, Afrika II
915 Sperber-Fleischhauer, Geschichte der Deutschen Sprache
917/917a Böhm, Versicherungsmathematik II
920 Hoheisel, Gewöhnliche Differentialgleichungen
921 Jantzen-Kolb, W. v. Eschenbach. Parzival
929 Schirmer, Deutsche Wortkunde
930 Krull, Elementare und klassische Algebra I
931 Hasse, Höhere Algebra I
932 Hasse, Höhere Algebra II
933 Krull, Elementare und klassische Algebra II
936 Thum-Meysenbug, Werkstoffe des Maschinenbaues II
952 Schäfer, Transformatoren
953 Zipperer, Techn. Schwingungslehre I
961/961a Zipperer, Techn. Schwingungslehre II
965 Dehnert, Wehr- und Stauanlagen
970 Baldus-Löbell, Nichteuklidische Geometrie
978 Kleinlogel, Baustoffverarbeitung und Baustellenprüfung des Betons
984 Graf, Baustoffe des Hoch- und Tiefbaues
999/999a Kamke, Mengenlehre
1000 Jaspers, Geistige Situation der Zeit
1003 Hoheisel, Partielle Differentialgleichungen
1008/1008a Mellerowicz, Allgemeine Betriebswirtschaftslehre I

Autorenregister

AUTORENREGISTER

200 000 60/59 Printed in Germany

FSC
www.fsc.org
MIX
Papier | Fördert
gute Waldnutzung
FSC® C083411

Kolibri 360 GmbH
Ferdinand-Jühlke-Straße 7
99095 Erfurt, Deutschland
produktsicherheit@kolibri360.de